● 河北省职业教育教学改革研究与实践项目“河北省高职教育综合竞争力分析与职教强省建设策略研究”（2024ZJJGGA11）

基于战略定位的人工智能职业本科专业人才培养方案研制

李贤彬　马英华　冯　磊　刘　霞◎著

河海大学出版社
HOHAI UNIVERSITY PRESS
·南京·

图书在版编目(CIP)数据

基于战略定位的人工智能职业本科专业人才培养方案研制 / 李贤彬等著. -- 南京 : 河海大学出版社, 2025. 4. -- ISBN 978-7-5630-9721-0

Ⅰ. TP18-4

中国国家版本馆 CIP 数据核字第 2025A4K808 号

书　　名　基于战略定位的人工智能职业本科专业人才培养方案研制
JIYU ZHANLUE DINGWEI DE RENGONG ZHINENG ZHIYE BENKE ZHUANYE RENCAI PEIYANG FANG'AN YANZHI
书　　号　ISBN 978-7-5630-9721-0
责任编辑　高晓珍
特约校对　曹　丽
封面设计　徐娟娟
出版发行　河海大学出版社
地　　址　南京市西康路 1 号(邮编:210098)
电　　话　(025)83737852(总编室)　(025)83722833(营销部)
经　　销　江苏省新华发行集团有限公司
排　　版　南京布克文化发展有限公司
印　　刷　广东虎彩云印刷有限公司
开　　本　787 毫米×1092 毫米　1/16
印　　张　11.75
字　　数　200 千字
版　　次　2025 年 4 月第 1 版
印　　次　2025 年 4 月第 1 次印刷
定　　价　79.00 元

前言

Preface

2019 年 1 月，国务院正式对外公布《国家职业教育改革实施方案》，以应对产业升级和经济结构调整不断加快背景下，各行各业对技术技能人才的迫切需求，对职业教育质量提出了更高要求。为深入贯彻落实其精神，河北科技工程职业技术大学(后简称“河北科工大”)于 2021 年经教育部批准成功转设为职业本科大学。学校紧密对接京津冀及雄安新区产业结构发展，瞄准高端产业和产业高端，结合学校工科办学基础，打造了以汽车检测与维修技术专业群、服装设计与工艺专业群、智能制造专业群为核心，以新一代信息技术专业群与现代商务专业群双向联合、复合支撑的“三核双融”五大主体专业群以及智能建造、环境工程、数字传媒三大特色专业群。学校强调职业本科与普通本科同级不同类，与高职专科同类不同级，具有职业性和学术性双重属性，在技能培养上彰显职业教育的类型优势，在知识培养上达到本科高度，抓稳抓牢类型特色。

以新一代信息技术专业群中的人工智能工程技术职业本科专业为例，全面适应国家、区域经济社会发展和传统产业转型升级对人工智能高素质创新型技术技能人才的需求，结合专业建设和发展的实际，在深入区域面向人工智能行业调研基础上，基于战略定位与需求分析，对职业本科人工智能工程技术专业人才培养方案进行更加科学的编制研究，引领新时代职业本科教育实现高质量人才培养。

在职业本科金专业建设过程中，李贤彬、鲍东杰、周凌波、王秀华、李文静、曾玲、马英华、关键、张广峻、冯磊、辛东升、王争、李晓丹、刘霞、李静、崔立杰、孙超、孙继峰、赵栋等组成了校企联合研究团队。本书是课题组团队围绕职业本科“五金建设”打造金专业，在多年专业研究积累与实践探索的基础上基于数智化及时形成的系列成果之一，并得到河北省教育厅等相关基金项目的资助。本书从战略层面紧跟国家对人工智能产业的布局，立足京津冀，契合创新驱动发展战略，明确专业定位。明确社会需求，适应各行业智能化转型急需大量人工智能工程技术人才现状。通过专业论证，整合多学科资源，保证专业的科学性与前瞻性。在人才培养方案中，设置丰富的实践环节，加强校企合作，着重提升学生的实操与创新能力。核心课程标准紧扣前沿技术，细化知识掌握程度与技能考核指标，全方位为行业培育优质人才，希望能够为其他职业本科专业人才培养方案规划提供思路。

本书由李贤彬、马英华、冯磊、刘霞等合著，分工如下：李贤彬负责框架编制、统筹写作并撰写前言、第一章、后记；马英华撰写第二章；冯磊撰写第三章；刘霞撰写第四章及核心课程标准。

本专著在撰写过程中参阅了有关著作和论文，并经过省内外多位职业教育专家指导，获取了大量高质量的意见和建议，为用教育科技（石家庄）有限公司提供了全方位的支持，李文静、李晓丹辅助进行了大量的数据分析工作，鲍东杰参与了课程体系的论证编修、进行了数据分析和全书的编校审读工作，在此一并表示感谢！

本书编写涵盖了本校人工智能工程技术专业升本申请的整个过程，编写团队为此付出了极大的心血和努力，但职业本科建设仍在不断的探索与实践中，限于编者自身水平有限，书中难免存在不妥之处，竭诚欢迎业内专家和广大读者批评指正。

著者

2025 年 1 月

目录

Contents

第一章　人工智能人才培养面向战略定位分析 …… 001

一、宏观外部环境分析 …… 003

二、专业现有定位分析 …… 010

三、变革能力意愿分析 …… 011

四、战略意向潜力分析 …… 013

五、变革核心能力分析 …… 016

六、战略定位结论建议 …… 019

第二章　人工智能产业行业岗位人才需求调研分析 …… 025

一、调研背景 …… 027

二、产业环境 …… 027

（一）AI 大模型能力不断提升 …… 027

（二）智能算力快速增长 …… 028

（三）AIGC 技术的深化应用 …… 029

三、岗位需求 …… 030

（一）语音识别工程师岗 …… 030

（二）嵌入式软件开发岗 …… 035

（三）自然语言处理岗 …… 039

（四）图像识别工程师岗 …… 043

（五）机器视觉工程师岗 …… 048

（六）机器学习工程师岗 …… 053
（七）深度学习工程师岗 …… 057
（八）Android 开发工程师岗 …… 062
四、调研结论 …… 066
五、结果应用 …… 068

第三章　人工智能本科层次职业教育专业设置论证 …… 071
一、设置职业本科人工智能工程技术专业的必要性 …… 073
二、设置人工智能工程技术专业的可行性 …… 082
三、专业发展规划 …… 099
四、实施保障 …… 106

第四章　人工智能职业本科专业人才培养方案研制 …… 109
一、人工智能工程技术专业人才培养方案 …… 111
（一）专业名称(专业代码) …… 111
（二）培养目标 …… 111
（三）入学基本要求 …… 111
（四）学制与学位 …… 111
（五）职业面向 …… 111
（六）培养规格 …… 112
（七）主要课程 …… 114
（八）毕业标准 …… 117
（九）课程结构 …… 117
（十）课程设置与教学进程 …… 118
（十一）实施保障 …… 128
二、主要课程及实践教学环节 …… 135
（一）专业基础课程 …… 135
（二）专业课程 …… 138
（三）实践环节 …… 140

附录 …… 143

附录一 《PCB 设计技术》课程标准 …… 145

附录二 《开源硬件技术》课程标准 …… 154

附录三 《数字图像处理》课程标准 …… 162

附录四 《图像检测与识别》课程标准 …… 169

后记 …… 177

第一章

人工智能人才培养面向战略定位分析

河北科技工程职业技术大学人工智能工程技术专业长期致力于面向行业的人才培养和社会服务。在职业教育聚焦“五金”新基建的全新历史时期，专业需充分找准定位，不断提升职业教育适应性、产教结合紧密性和人才培养针对性。为充分分析人工智能工程技术专业人才培养战略定位，本专业依托企业和学校联合研发的专业人才培养战略定位分析系统，以大数据和人工智能为主要技术手段，以专业社会需求数据、毕业生就业数据、专业校企合作数据等为数据基础，以 PEST 模型、安索夫矩阵、能力/意愿模型、波士顿矩阵、核心竞争力漏斗等模型为主要定性分析方法，全面分析人工智能工程技术专业在面向产业的人才培养能力、意愿、优势，实现专业人才培养的精准定位。

一、宏观外部环境分析

党的十九大提出，推动互联网、大数据、人工智能和实体经济深度融合。当前，新一轮科技革命和产业变革孕育兴起，大数据的积聚、理论算法的革新、计算能力的提升及网络设施的演进，驱动人工智能发展进入新阶段，人工智能正加快与经济社会各领域渗透融合，带动技术进步、推动产业升级、助力经济转型、促进社会进步。2017 年底，工业和信息化部印发了《促进新一代人工智能产业发展三年行动计划(2018—2020 年)》，重点对 2030 年我国人工智能发展的总体思路、战略目标和主要任务、保障措施进行系统的规划和部署，为推动我国人工智能的长期发展指明了方向。

1. 人工智能领域发展态势

2022 年，随着 ChatGPT 大模型的发布，人工智能正式进入 AIGC 时代。随着人工智能与实体经济的深度融合，行业的发展逐渐走向成熟，人工智能发展的趋势也会逐渐进入大规模商用阶段，人工智能产品全面进入消费级市场。计算机视觉、自然语言处理、语音处理等人工智能核心技术领域的突破开启了全球智能时代的新浪潮。目前，人工智能已在金融、医疗、教育、零售、工业、交通、娱乐等诸多领域进行智能化的渗透。随着传统产业的智能化实践逐步深入，以 ChatGPT 为代表的 AIGC 爆火，简单的人工智能技术叠加将不再能满足用户的智能化预期。未来会更加倾向以知识图谱、机器深度学习、生成式 AI

技术为主的智能化应用。为了推进人工智能产业向工业化迈进，标准化的产品、规模化的生产、流水线式的作业将是人工智能实现产业化的发展方向，而生成式 AI 将会在人工智能技术的标准化和规范化上发挥更大的作用。

人工智能产业链涉及范围广泛、细分领域众多，根据其目标对象的不同，大体可分为基础层、技术层和应用层三个层级。基础层提供算力、算法、数据量，主要包括 AI 芯片、传感器、人工智能算法等，是人工智能产业的基础；技术层开发面向不同领域的应用技术，主要包括计算机视觉、语音识别、生物识别、自然语言处理、机器学习等，是人工智能产业的核心；应用层是技术在特定行业或场景的延伸，为其商业化提供解决方案或软/硬件产品，主要包括智慧家居、智能教育、智慧医疗、智慧交通、智慧客服、无人机、机器人等。

整体来看，在国家政策、制造业转型升级、资本市场等各方面的推动下，我国人工智能产业发展迅速，规模迅速扩大，技术实现多元化发展、应用场景日益丰富，但基础层技术经验积累仍较为薄弱。从基础层来看，芯片、GPU 等硬件是基础层的核心产品，是人工智能技术发展的基础支撑，与美国等发达国家相比，我国在此领域的发展时间较短，在 CPU、GPU、DSP 处理器设计上一直处于追赶地位，绝大部分芯片设计依靠国外的 IP 核设计芯片。从技术层来看，我国在存储、计算、学习、语言处理、计算机视觉等领域专利申请方面处于全球领先地位，其中计算机视觉应用场景丰富，商业化价值巨大，约 40%人工智能企业集中在视觉人工智能领域。从应用领域来看，目前我国人工智能已广泛应用于城市管理、金融、零售等诸多领域，其中政府城市管理和运营、互联网、金融的市场份额约为 50%、18%、12%，为三大主要采购方，人工智能逐步渗透至各行各业。我国人工智能产业在基础层、技术层和应用层三个层级的类别分别如图 1-1 所示。

2. 人工智能在各行业的现实应用

随着 AI 技术的不断发展，大模型逐渐在众多行业被广泛应用、深入探索。根据大模型应用的基本结构，其模态可大体分为基础层、模型层、能力层、应用层和部署层等五个层级。

基础层包含 NLP 大模型、CV 大模型及其他大模型，还有软件基础，是 AI 大模型运行的根基。NLP 大模型让机器理解和处理人类语言，如智能客服的

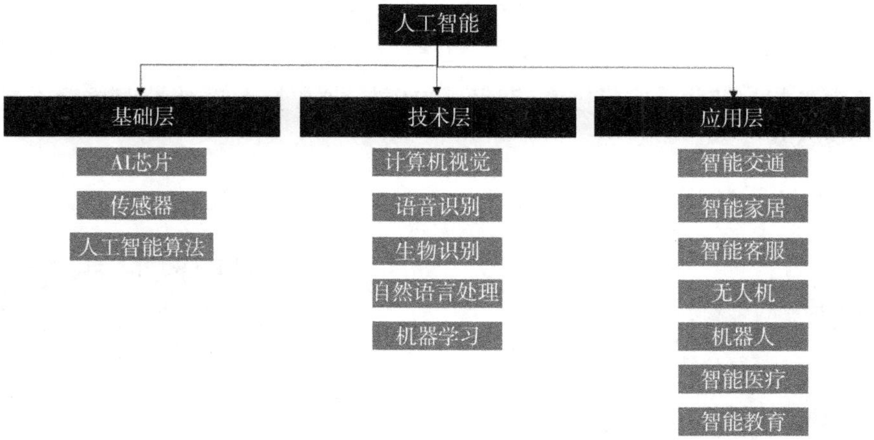

图 1-1　人工智能不同层级的类别

问答交互;CV 大模型专注图像和视频处理,像人脸识别、图像内容分析等;其他大模型提供特定领域功能。软件基础为上层模型训练和应用提供运行环境、开发工具等技术支撑。

数据资源基础层为模型训练和应用提供关键的数据支持。大量、高质量且多样的数据是大模型学习和提升能力的关键。这些数据来源广泛,如互联网数据、企业内部业务数据、科研数据等。数据资源基础层负责收集、整理、存储和管理数据,保障数据的准确性、完整性和安全性,为上层模型训练提供充足且优质的数据。

通用大模型层具备强大的基础能力,如计算、生成、理解、融合能力等,能处理多种任务和领域的问题。通过持续加大研发投入,提升 AI Agent 能力,直接服务各个行业。它就像一个多面手,拥有广泛知识和技能,在语言翻译、文本创作、智能搜索等场景发挥作用,为垂类行业大模型层和应用层提供通用能力支撑。

垂类行业大模型层基于通用大模型进行二次训练构建,针对特定行业需求优化。由于不同行业有独特知识、业务流程和应用场景,垂类行业大模型通过融入行业专业知识数据,对通用大模型某一单一能力优化,满足行业个性化需求。在金融行业,能进行精准风险评估、智能投资决策;医疗行业中,辅助疾病诊断、提供治疗建议。

应用层是 AI 大模型与用户和实际业务场景交互的层面,通过本地部署或

SaaS 模式等，以 APP、网页、本地调用等方式为用户提供服务。在智能客服、智能营销、智能搜索、智能翻译等场景，直接面向用户提供具体功能和价值。它将大模型的能力转化为实际应用，满足用户多样化需求，实现大模型的商业价值和社会价值。

AI 大模型应用架构示意图如图 1-2 所示。

图 1-2　AI 大模型应用架构示意图

(1) AI＋金融

金融行业数字化程度高，积累了丰富数据资源。AI 大模型在金融领域应用广泛，如智能销售、智能问答、智能办公等，还能为资管、投顾等业务带来场景变革，实现智能化投资顾问服务、提升金融系统开发效率、辅助风险控制决策、加强营销合规监察等，有效推动金融业务高质量发展。人工智能驱动下金融行业的新场景革新情况如图 1-3 所示。

图 1-3　人工智能驱动下金融行业新场景革新

（2）AI＋医疗

大模型可赋能医疗行业“医、教、研、管”等场景中的各个环节，以提高诊疗效率、诊疗精确度和管理效率等目标为手段，全方位提升诊疗水平。在应用对象方面，医疗机构、医护群体、病患群体、制药企业等主体均可根据自身需要，形成大模型在自身需求方面的融合促进。AI 大模型在医疗行业的赋能应用如图 1-4 所示。

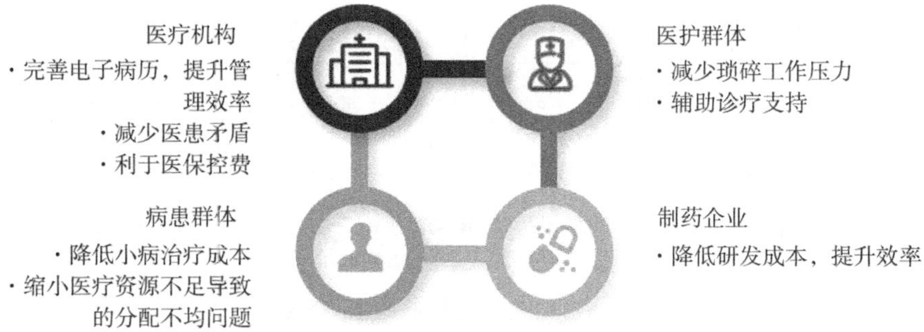

图 1-4　医疗行业 AI 大模型作用

（3）AI＋电商

AI 电商借助 AI 大模型相关技术，赋能各类型电商与行业模块，通过各 AI 大模型相关应用落地，从而对行业产生流量逻辑、用户体验、行业效率、企业成本、职能替代、市场机遇等影响价值。AI 大模型在电商行业赋能技术价值链流程如图 1-5 所示。

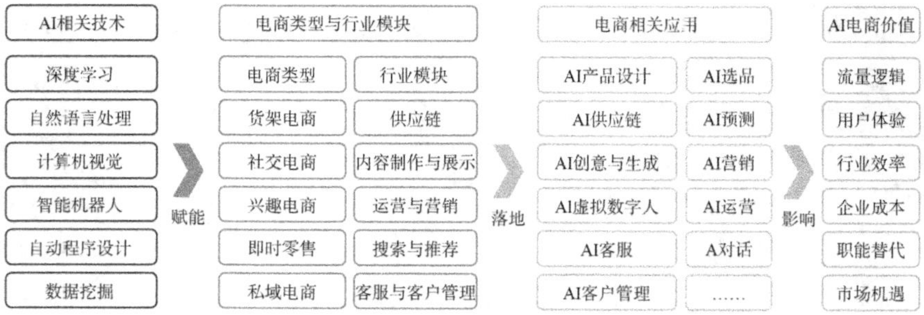

图 1-5　AI 电商技术赋能价值链

（4）AI＋教育

“AI＋教育”是人工智能在教育领域的深度融合与应用，它包括“计算智能＋教育”、“感知智能＋教育”和“认知智能＋教育”，从“能存会算”向“能听会说与能看会认”发展，最终实现“能理解与会思考”。AI 大模型在教育领域的应用场景如图 1-6 所示。

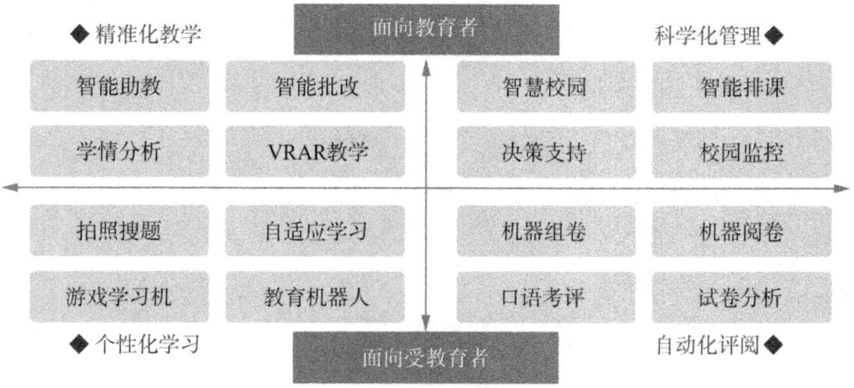

图 1-6　AI 在教育领域的应用场景

（5）AI＋工业

基于不同领域工业生产的 AI 模型开发可对各具体行业产生直接促进作用，在知识问答、工程建模、数据分析、文档生成、代码理解等方面提供直接支持。在知识问答方面，大模型可结合自身知识回答不同工业领域问题，将用于员工培训、故障诊断、客服咨询、市场调研等交互场景，协助企业员工熟悉生产流程，帮助用户了解产品特性。在工程建模方面，大模型具备基础建模能力，将帮助工程师和企业管理人员在实际工程设计、生产运维等领域进行数学建模，寻求最佳的解决方案。在数据分析方面，大模型可将结构化数据提炼为核心结论，对复杂业务数据进行自动分析，更全面、及时地帮助企业管理者运营和决策，提升工作效率和运营质量。在文档生成方面，大模型将帮助用户快速、高效处理和生成各类文档，如宣传文案、操作手册、技术文档、施工方案等，提高工作效率和质量。在代码理解方面，大模型将面向工业需求编写代码，回答计算机编程相关问题，辅助代码功能性和安全性检测，提升工程师编码效率，保障程序安全、平稳运行。AI 大模型在工业领域的典型应用模块如图 1-7 所示。

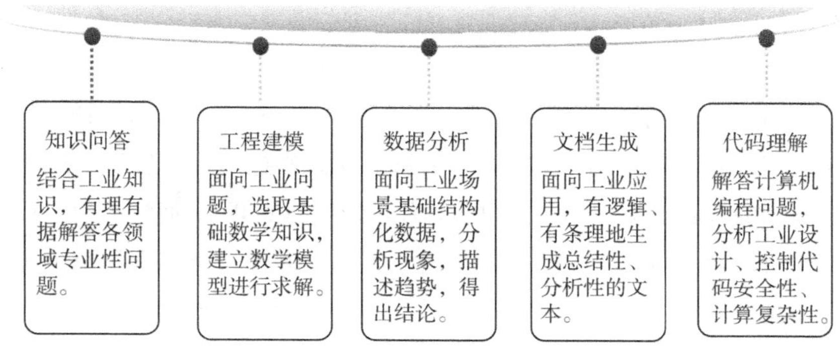

图 1-7　AI 在工业领域的典型应用

其中，在工程建模方面，人工智能技术可在研发设计、生产制造、运维管理、营销宣传等多个环节发挥重要作用。如在研发设计环节，可基于历史实践，建立成本模型，指导新项目的规划和预算编制，提高项目成功率；在生产制造环节，可建立时序预测、异常检测模型，基于预测优化生产计划，提高施工效率和安全性；在运维管理环节，可建立运筹模型，对工厂生产人员进行排版优化，提升人员效能；在营销宣传环节，可建立营销收益模型，提升营销效率，节约营销成本。AI 大模型在工业领域的工程建模方面的具体应用如图 1-8 所示。

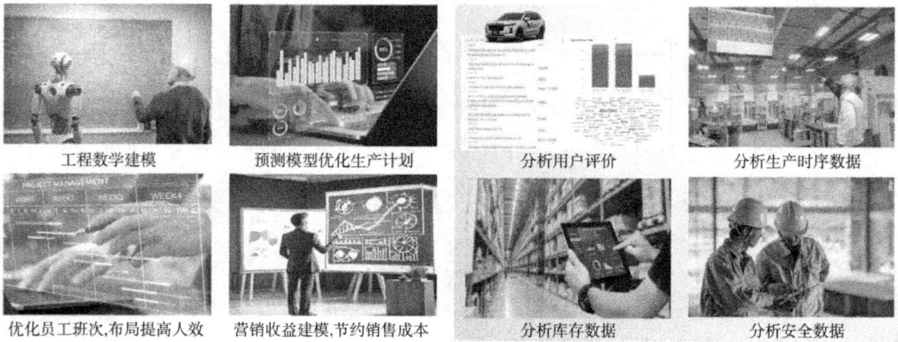

图 1-8　AI 在工程建模方面的具体应用

二、专业现有定位分析

战略定位最早由安德鲁斯(K. R. Andrews)在其《公司战略的概念》一书中提出,并首先应用于市场营销和组织行为学等领域。高校作为高等教育公共事业的主要实施载体,在战略定位、竞争策略方面同样适用这一理论。战略定位和竞争理论的核心要义在于在组织和其环境之间建立联系,通过准确的战略定位和战略目标,使组织在产业内部获得最佳位置,并通过影响和作用于各种外部竞争力量来保护这一位置。

准确分析当前定位态势是确定未来战略定位的基础。人工智能工程技术专业以毕业生就业现状、专业技术合作企业为主要切入视角,分析了当前专业人才培养的基本定位,并得到以下分析结果。

1. 毕业生主要就业行业

专业毕业生当前主要在通用设备制造、电子设备制造、制造业、仪器仪表制造等行业就业。其中,通用设备制造为毕业生就业的最主要行业面向。此外,毕业生在电子设备制造、制造业、仪器仪表制造行业的就业比例也达到较高水平。

2. 专业主要技术合作行业

本专业当前主要面向新能源汽车、仪器仪表/工业自动化、汽车智能互联等行业企业开展技术合作。其中，合作企业主要属于新能源汽车行业，占比100%左右，重点面向仪器仪表/工业自动化、汽车智能互联行业企业比例也达到80%左右。

3. 专业主要面向岗位群体

在毕业生主要就业行业和专业主要技术合作行业中，嵌入式软件开发（信息传输、软件和信息技术服务业）、Java开发工程师（信息传输、软件和信息技术服务业）、Java开发工程师（租赁和商务服务业）等岗位的需求量较大、与本专业相关性较高。相对应的，在这些行业中，有嵌入式软件开发（电力、热力、燃气及水生产和供应业）、嵌入式软件开发（制造业）、Java开发工程师（批发和零售业）、Java开发工程师（交通运输、仓储和邮政业）、Java开发工程师（租赁和商务服务业）、JavaScript（租赁和商务服务业）等岗位属于关联岗位，与高需求岗位具有比较明显的工作职能交集和专业需求交集，也属于与本专业关联度较高的职位需求。

综合以上信息，根据专业实际情况和未来产业发展重点方向，本专业将以通用设备制造、新能源汽车行业作为本专业的重点面向行业，开展人才培养、技术合作和社会服务等工作。

三、变革能力意愿分析

基于产业政策及行业发展态势分析结果、专业当前战略定位态势，人工智能工程技术专业面向行业及其部分细分领域，并根据专业当前毕业生就业现状和技术合作企业情况，以社会需求大数据分析结果为基础，针对性地选取了嵌入式软件开发（制造业）、机器视觉工程师（制造业）、算法工程师（制造业）等24个社会真实需求职位进行进一步分析，判断专业当前对这些职位的培养能力和培养意愿。

能力-意愿模型原为组织行为学领域的二维管理模型，通过建立代表能力水平的横轴和代表意愿水平的纵轴，将组织成员大体划分为“高能力高意愿”“高能力低意愿”“低能力高意愿”“低能力低意愿”四类群体，并面对不同群体实施不同的管理和激励策略。这一模型后被广泛应用于组织管理中的人员管理、绩效管理、能力管理等不同方面。在高等教育专业人才培养工作中，专业可以通过这一模型的分析，为专业人才培养工作未来战略方向判断提供依据。

人工智能工程技术专业以课程开设情况作为基本判断依据，对与本专业具有相关关系的职位进行了能力意愿判断。通过判断课程是否“已经”或“能够”支撑相关职位，对能力意愿模型进行适应性改造，分析专业当前定位态势和未来定位策略。根据能力-意愿模型分析结果，人工智能工程技术专业对这些专业相关职位的人才培养所呈态势如图 1-9 所示。

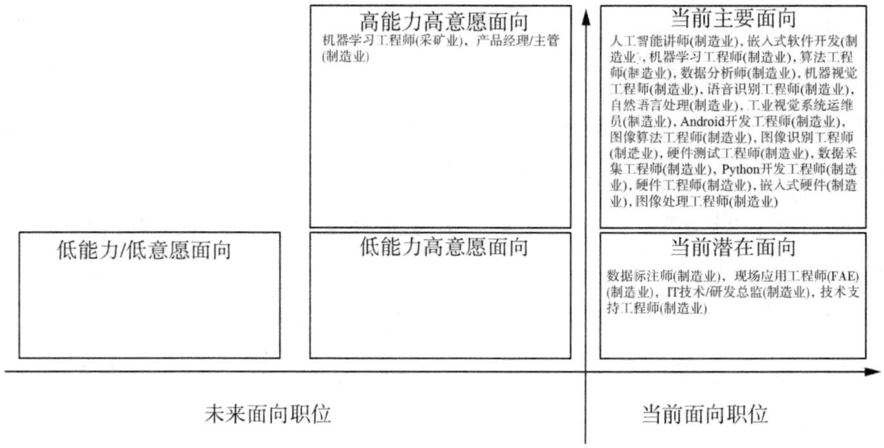

图 1-9　专业人才培养能力意愿分析结果

1. 专业主要职位面向

专业目前事实上以人工智能讲师（制造业）、嵌入式软件开发（制造业）、机器学习工程师（制造业）、算法工程师（制造业）、数据分析师（制造业）、机器视觉工程师（制造业）、语音识别工程师（制造业）、自然语言处理（制造业）、工业视觉系统运维员（制造业）、Android 开发工程师（制造业）等职位为人才培养主要职位面向。对于这些职位需求，专业已经通过开设必修课程等形式有效实现了职位所需能力的培养，是专业现有战略定位的核心组成部分。

2. 专业潜在职位面向

专业目前对数据标注师（制造业）、现场应用工程师（FAE）（制造业）、IT 技术/研发总监（制造业）、技术支持工程师（制造业）等职位需求能够在一定程度上实现必要培养。对于这些职位需求，专业通过开设选修课、方向课等形式，对于有意向从事这些职业的学生进行了必要的培养，能够为学生从事此类职业提供基本职业能力，是专业现行战略定位的重要组成部分。

3. 专业高培养能力职位面向

专业目前对机器学习工程师（采矿业）、产品经理/主管（制造业）等职位需求暂未实现有效培养，但专业具有面向这些职位开设相关课程和教学环节的能力和意愿。这些职位所需能力多属于本专业教师学术或技术专业领域，同时专业具有培养这些岗位所需能力的实训设施、实训场地、合作企业等必要教学条件。此外，专业也具有面向这些岗位的强烈变革意愿，具有较强的主观能动性。这些岗位将成为专业新一轮人才培养战略定位中的重点关注对象。

4. 专业低培养意愿职位面向

专业目前对此等职位需求暂未实现有效培养，但专业对面向此类岗位开展人才培养的意愿相对较低。虽然专业当前具备培养相关职业能力的专业基础条件和能力，但受到各方面因素影响，专业对这些职位的培养意愿并不强烈。这些职位将成为专业新一轮人才培养战略定位中的潜在职位进行持续观察，并进行进一步深入分析。

四、战略意向潜力分析

结合专业人才培养的当前战略定位、未来变革能力意愿等不同因素，专业对当前主要面向职位、潜在面向职位、高培养能力岗位进行了进一步分析，并通过波士顿矩阵模型对这些岗位进行细化分类，以期识别专业已具备培养能力的职位面向的未来战略空间。

波士顿矩阵模型由波士顿咨询集团首先提出，并最早应用于商业及产品分析领域。波士顿矩阵模型通过建立基于相对市场份额和市场增长率的二维分析模型，将被分析对象（商品或业务）划分为问题类、明星类、金牛类、瘦狗类共四种不同类型，分别代表高增长但低份额、高增长且高份额、低增长但高份额、低增长且低份额形态的产品或服务。这一理论被广泛应用于组织管理中对于产品和业务的资源投入策略分析。高等院校和专业作为高等教育公共服务的主要提供者，毕业生是其核心的“产品”。结合波士顿矩阵模型的划分方式，可以将毕业生实际从事某一职位的数量视作理论模型中的“相对市场份额”维度，将该职位的未来发展前景视作理论模型中的“市场增长率”维度，对专业可能的人才培养面向进行深入分析。

以这一理论模型为基础，本专业对已具备培养能力的职位面向进行了进一步划分，并得到如图 1-10 所示的分析结果。

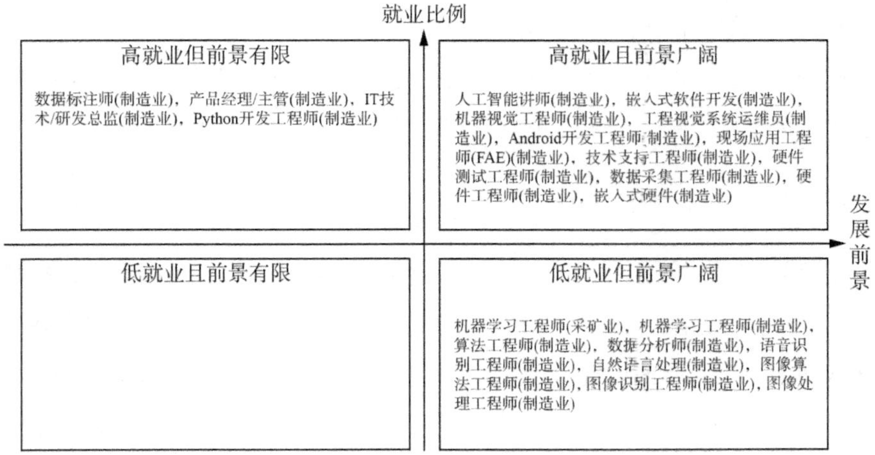

图 1-10　专业人才培养定位意向潜力态势

1. 低就业但前景广阔类职位

本专业毕业生目前在机器学习工程师（采矿业）、机器学习工程师（制造业）、算法工程师（制造业）、数据分析师（制造业）、语音识别工程师（制造业）、自然语言处理（制造业）、图像算法工程师（制造业）、图像识别工程师（制造业）、图像处理工程师（制造业）等职位就业规模相对有限，但这些职位具有较为广阔的发展前景，属于“潜在型”职业面向。此类职位多属于专业新兴培养面向的初始阶段，表明专业尝试面向新岗位开展人才培养。虽然职业就业前景广阔，但由于市场发展不充分、存在一定外部竞争、专业自身条件仍有明显差距等因素，对专业人才培养而言，呈现出机会和风险并存的格局。如以这些职位作为未来专业定位面向，专业需加大资源投入，全面更新人才培养内容、条件等，将面临较高的培养成本。考虑到这类职位的广阔未来发展，专业将以此类职位作为专业未来定位的潜在变革方向之一，在条件允许的情况下予以重点考虑。

2. 高就业且前景广阔类职位

本专业毕业生目前在人工智能讲师（制造业）、嵌入式软件开发（制造业）、机器视觉工程师（制造业）、工业视觉系统运维员（制造业）、Android 开发工程师（制造业）、现场应用工程师（FAE）（制造业）、技术支持工程师（制造业）、硬件测试工程师（制造业）、数据采集工程师（制造业）、硬件工程师（制造业）等职位就业数量较多，且这些职位具有较为广阔的发展前景，属于“明星类”职业面向。这类职位具有较强的职业竞争力和未来发展空间，为毕业生的长期发展和专业的人才培养提供了较为充分的未来机会。但此类职位多属于市场新兴职位、前沿职位、高端职位，从就业视角而言，求职者往往面临较为激烈的求职竞争。从人才培养视角而言，专业亦需持续加大投入，在教学内容、教学条件等方面不断提升，以满足此类优质职位的不断提升的质量要求。考虑到目前专业已有一定规模毕业生在此类岗位中实际就业，专业已具备面向此类职位开展人才培养的基础条件，因此，这类职位将成为专业未来战略定位中的核心变革方向予以重点考虑。

3. 高就业但前景有限类职位

本专业毕业生目前在数据标注师（制造业）、产品经理/主管（制造业）、IT 技术/研发总监（制造业）、Python 开发工程师（制造业）等职位就业数量较多，但这些职位的发展前景相对有限，属于“金牛类”职业面向。这类职位属于就业市场中的主力职位，具有容纳就业数量大、就业难度较低、从业者能力模型相对稳定、具有相对广阔的院校基础等特点，属于就业市场及高校人才培养面向的传统、经典岗位，专业对此类职位具有较好的培养能力和条件基础。此类职位将为专业带来相对稳定的就业空间，能够保障专业就业工作的“低风险”开展，也将为专业人才培养提供学生就业角度的基本保障。对于此类职位，专业将作为培养面向定位中的重要补充部分，以对冲“明星类”“潜在型”面向带来的就业压力。

4. 低就业且前景有限类职位

本专业毕业生目前在此等职位就业数量较少，并且这些职位的发展前景相对有限，属于“瘦狗类”职业面向。这些职位在就业市场中多处于行业发展底端或行业发展末期，求职者的从业意愿弱、从业者数量基本饱和且流动性较低，属于高校人才培养的被动面向岗位。此类职位虽也能为专业带来一定就业空间，但受到职位质量影响，这些职位未来将逐渐边缘化甚至退出就业市场。对于此类职位，专业将不作为未来战略中的重点考察部分。

综合以上四类不同职位，本专业未来重点将人工智能讲师（制造业）、嵌入式软件开发（制造业）、机器视觉工程师（制造业）、工业视觉系统运维员（制造业）、Android 开发工程师（制造业）、现场应用工程师（FAE）（制造业）、技术支持工程师（制造业）、硬件测试工程师（制造业）、数据采集工程师（制造业）、硬件工程师（制造业）、嵌入式硬件（制造业）等职位作为核心面向，将机器学习工程师（采矿业）、机器学习工程师（制造业）、算法工程师（制造业）、数据分析师（制造业）、语音识别工程师（制造业）、自然语言处理（制造业）、图像算法工程师（制造业）、图像识别工程师（制造业）、图像处理工程师（制造业）等职位作为重点发展和潜在面向，将数据标注师（制造业）、产品经理/主管（制造业）、IT 技术/研发总监（制造业）、Python 开发工程师（制造业）等职位作为就业基本面向和补充面向予以考虑，并结合其他战略定位策略进行全面评量。

五、变革核心能力分析

核心竞争力概念最早由 C. K. Prahalad 和 Gary Hamel 两位大学教授于 1990 年在著名的《哈佛商业评论》上发表的《公司核心竞争力》文章中提出，他们将核心竞争力定义为“组织中的积累性学识，尤其是关于如何协调不同的生产技能和有机结合多种技能的学识”。就高等教育领域而言，高等院校的核心竞争力被进一步具体为在长期的教育教学实践中积累起来的知识体系，以其资源和能力为基础，对师资队伍、学科能力、科研能力、人才培养模式、组织管理、精神文化等竞争要素的战略整合，使学校获得持续竞争优势的能力。在核心竞争力理论的应用过程中，其形态逐渐演化成为通过占有性评估、持久性评估、目标性评估、替代性评估、竞争优势评估等评判维度和判断步骤，并最终被大量组织以多层级漏斗形式予以应用实践。

核心竞争力聚焦组织的内部能力，重点关注组织对其核心产品或服务实现能力的竞争优势性，是判断是否具有相应能力和能力水平的重要环节。专业在进行战略定位过程中，除需关注有哪些重要方向应作为战略定位外，更需关注这些潜在的战略定位能否在现有条件下顺利实现，或能否通过适度的投入达到可实现标准。本专业基于核心竞争力基本理论和实践方法，对通过现有定位分析、变革能力意愿分析、战略意向潜力分析等维度识别到的潜在战略定位职位面向进行进一步分析，判断本专业在这些面向上是否具有相较其他院校和专业的竞争优势，从而实现在战略定位过程中充分发挥自身优势的目的。

根据本专业对相关职位的核心竞争力判断，得到如图 1-11 所示的分析结果。

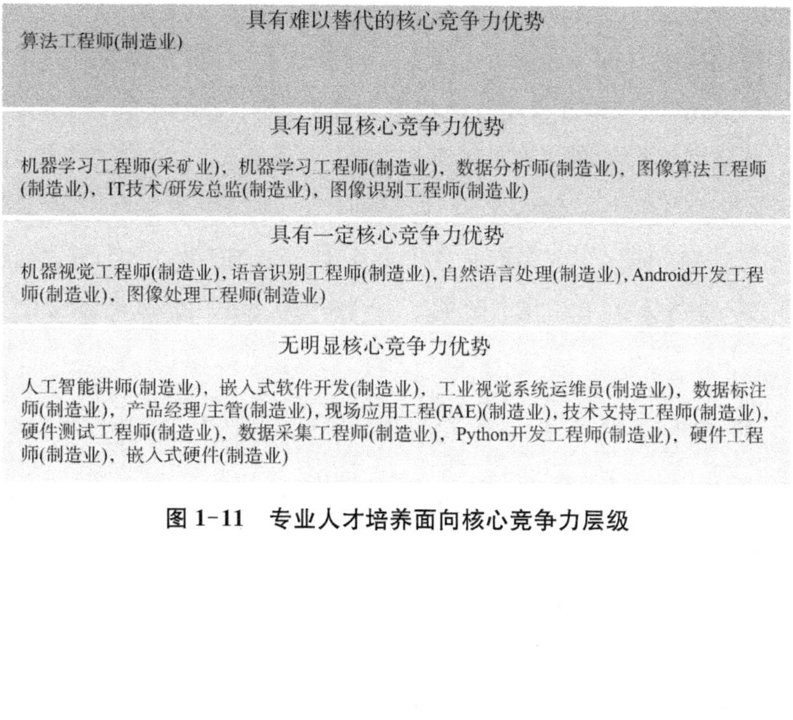

图 1-11 专业人才培养面向核心竞争力层级

1. 无明显核心竞争力优势职位

本专业目前在人工智能讲师(制造业)、嵌入式软件开发(制造业)、工业视觉系统运维员(制造业)、数据标注师(制造业)、产品经理/主管(制造业)、现场应用工程师(FAE)(制造业)、技术支持工程师(制造业)、硬件测试工程师(制造业)、数据采集工程师(制造业)、Python 开发工程师(制造业)等职位面向上属于常规型职位面向。面对这类职位,专业现有的课程开设能力、师资队伍、基础条件等能够基本达到人才培养的基本要求,但相比其他同类院校和专业并不具有明显的竞争优势。在人才培养结果方面,毕业生如想从事此类职业,虽可达到用人单位的合格标准,但距离行业或岗位优秀人才标准仍具有一定差距,职业起点和未来发展空间受到一定限制。同时,此类职位具有在院校人才培养方面较激烈的外部竞争,专业难以形成明显的竞争优势壁垒,无法打造“护城河”效应。因此,对于以此类职位作为未来面向,本专业将持慎重态度,需结合就业广泛性、职业自身未来发展等因素进行进一步考虑。

2. 具有一定核心竞争力优势职位

本专业目前在机器视觉工程师(制造业)、语音识别工程师(制造业)、自然语言处理(制造业)、Android 开发工程师(制造业)、图像处理工程师(制造业)等职位面向上具有一定竞争力优势。面对这类职位,专业现有的课程开设能力、师资队伍、基础条件等相较岗位需求和同类院校培养而言具有一定的竞争优势,不仅能够达到岗位需求的基本标准,而且具有一定的前瞻性,面向岗位未来发展适当超出基础水平,形成毕业生发展的潜力优势。对于此类职位,专业将保持积极态度,在毕业生就业前景、岗位前沿性和优质性、服务产业的高层次性等方面条件允许的情况下,将作为专业未来战略定位的重点考虑对象。

3. 具有明显核心竞争力优势职位

本专业目前在机器学习工程师(采矿业)、机器学习工程师(制造业)、数据分析师(制造业)、图像算法工程师(制造业)、IT 技术/研发总监(制造业)、图像识别工程师(制造业)等职位面向上具有明显核心竞争力优势。专业当前在课程开设、师资队伍、培养方式等方面呈现出较明显的特色性，与同类院校和专业相比形成了差异优势，能够为人才培养工作形成较强的竞争力。面向此类职位的人才培养已经成为本专业的品牌效应，为毕业生初次就业和未来职业发展提供了良好的基础和前景，也使毕业生能够在能力模型、基本素质等方面形成能够适应特定类型岗位需要的较高水平职业竞争力。此类职位是专业将重点坚持和发展的定位方向，在保证岗位前沿性和未来发展广阔性的前提下，专业将予以持续发展和提升。

4. 具有难以替代的核心竞争力优势职位

本专业目前在算法工程师（制造业）等职位面向上具有同类院校或专业难以替代的核心竞争力优势，是能够区分本专业与同类专业差异的最明显特征，也是本专业“名片效应”的最直接体现。面向这些职位的人才培养，不仅是本专业的独特竞争优势，更是本专业必须肩负的重大使命。本专业毕业生在面向此类职位的时候多属于稀缺人才，掌握岗位所需核心能力，具有较强的不可替代性和唯一性，为毕业生的长期发展提供了充分的空间。此类职位是专业必须长期坚持的定位方向，并在各方面条件上不断保持乃至加大投入，以保持面向此类岗位培养能力的领先性。

综合以上四类不同职位，本专业未来重点将以算法工程师（制造业）等职位作为核心优势人才培养面向，将机器学习工程师（采矿业）、机器学习工程师（制造业）、数据分析师（制造业）、图像算法工程师（制造业）、IT 技术/研发总监（制造业）、图像识别工程师（制造业）等职位作为重点发展的面向，同时适当兼顾面向机器视觉工程师（制造业）、语音识别工程师（制造业）、自然语言处理（制造业）、Android 开发工程师（制造业）、图像处理工程师（制造业）等职位培养的基本能力，以充分发挥本专业在人才培养工作上的竞争优势。

六、战略定位结论建议

在以 PEST 模型、安索夫矩阵、能力/意愿模型、波士顿矩阵、核心竞争力漏斗等模型为主要分析方法之下，本专业共通过现有定位分析、变革能力意愿分析、战略意向潜力分析和变革核心能力分析四个层级的分析，对从宏观环境分析中定位出的主要行业及重点岗位进行了充分梳理,并最终形成了基于四层级筛选的共 53 种有效战略定位态势。综合研判这 53 种战略定位的价值表现,本专业共识别出具有较高战略价值和较强战略优势的四类培养面向,其具体结果如下。

1. 核心优势,持续发展

当前核心优势方向主要包括算法工程师(制造业)、机器学习工程师(制造业)、数据分析师(制造业)、图像算法工程师(制造业)、图像识别工程师(制造业)等 5 个职位。这些职位面向的战略定位主要表现是,此类岗位具有较好的未来发展前景,专业当前已有课程能够对此类岗位实现较为充分或一定程度的支撑,专业毕业生在此类岗位就业已形成一定规模,同时,专业在面向此类岗位开展人才培养中具有较强的核心竞争力。此类岗位可以较充分地利用专业现有条件打造竞争优势,并且能够为学生未来发展提供广阔空间,是专业将在未来一段时期内坚定坚持的定位面向。

在这些核心优势职位面向中,专业将重点聚焦优势表现特别明显的一些职位。这些职位对于本专业而言的特点是,当前专业课程能够有效支撑、岗位自身发展空间广阔且接受本专业毕业生数量持续上涨、专业面向此类岗位具有不可替代乃至难以模仿的竞争优势。这些职位面向能够最大程度地发挥专业优势,并且代表了产业的未来发展方向,是本专业将重点发展的核心职位面向。

2. 未来方向,加大投入

未来方向型定位主要包括 IT 技术/研发总监(制造业)等职位。这些职位面向的战略定位主要表现是,当前专业已能够一定程度或有能力且有意愿面向此类职位开设相应课程。同时,这些职位具有较好的职业发展空间,已经表现出较为明显的产业高端性,且专业面向此类职位培养时具有较明显的竞争优势。虽然这些职位暂未表现出非常明显的产业前沿性,存在一定程度的发展风险,但这些职位能够为毕业生提供持续扩大的就业空间和就业机会,专业也能够在面向此类职位进行培养时发挥自身条件优势,形成先发效应,为专业未来发展和毕业生未来从业提供更大空间,充分实现自我价值。

在这些未来重点投入的职位面向中，专业将重点聚焦优势表现特别明显的职位。这些职位代表了产业发展的前沿方向，呈现出较为明显的职位优质性，并且专业已经具备了一定程度的培养基础。同时，专业在面向这些职位时具有较强的培养竞争力，能够充分发挥专业的核心竞争力，实现自身实际和产业前沿的充分结合。

3. 普遍需求，适当培育

普遍需求型定位主要包括数据标注师（制造业）、Python 开发工程师（制造业）等职位。这类职位的战略定位表现是，具有较为广泛的社会需求但已基本趋于稳定，专业能够实现对此类面向的有效培养，但所受到的外部竞争也比较激烈，专业难以建立起有效的竞争壁垒，属于同类院校和专业能够共同面向的传统型职位。考虑到这类职位的广阔就业空间，这类职位可以作为专业的基础培养面向。专业将面向此类职位进行自身条件的自我梳理和查漏补缺，确保专业能够持续、有效面向此类职位开展人才培养，作为专业人才培养战略定位的补充型、保底型策略予以适当培育。

4. 有益补充，积极探索

有益补充型定位主要包括语音识别工程师（制造业）、自然语言处理（制造业）等职位。这类职位的战略定位表现是，职位需求数量、质量等方面呈现出较为明显的发展态势，但这些职位存在明显的不确定性风险。同时，专业有较强烈的意愿并且有能力探索发展面向此类职位的人才培养，专业也能够在此类职位上表现出一定的竞争优势。这类职位反映出了产业发展前沿的潜在可能，但暂未形成产业发展的主流趋势。这些职位将成为专业未来发展过程中的探索型面向，在保障核心战略面向不动摇的前提下，对此类职位进行积极探索，适当进行条件和资源投入，以拓宽专业未来的发展空间。

河北科技工程职业技术大学人工智能专业各个职位类型、职位名称及其所对应的典型用人单位名单和分析如表 1-1 所示。

表 1-1　不同定位类型职位的需求企业

职位类型	职位名称	典型用人单位
核心优势型	算法工程师（制造业）	招聘需求大：北京外企德科人力资源服务上海有限公司，智联猎头，西安华为技术有限公司，软通动力信息技术（集团）股份有限公司，多益网络有限公司 薪资水平高：北京方远达管理顾问有限公司，中铁高新工业股份有限公司，北京氢源智能科技有限公司，永亿（广州）网络科技有限公司，北京七鑫易维信息技术有限公司
	机器学习工程师（制造业）	招聘需求大：北京抖音信息服务有限公司，深圳市华熠实业有限公司，广东德信行信用管理有限公司，耀童网络软件（上海）有限公司北京分公司，北京生命科学研究所 薪资水平高：宁波草船科技有限公司，大麦茶（北京）管理咨询有限公司，潍坊赢启信息科技有限公司，西安万兴服务外包有限责任公司，任仕达企业管理（上海）有限公司深圳分公司
	数据分析师（制造业）	招聘需求大：河南福东信息科技有限公司，满帮集团，广州市轩宏人力资源有限公司，软通动力信息技术（集团）股份有限公司，深圳市人才服务中心（深圳市人才大市场） 薪资水平高：深圳市迈丰电子商务有限公司，天津树人网络科技有限公司，深圳市拓普明途企业管理咨询有限公司，上海高凡人力资源有限公司，美葱控股（湖北）有限公司
	图像算法工程师（制造业）	招聘需求大：东莞市泉准电子科技有限公司，东莞市凯格精机股份有限公司，广东阿达智能装备有限公司，广州超视计生物科技有限公司，合肥中科迪宏自动化有限公司 薪资水平高：广州瑞丰生物科技有限公司，昊翔电能运动科技（昆山）有限公司，深圳软牛科技集团股份有限公司，深圳市利器精工科技有限公司，北京锐思智芯科技有限公司
	图像识别工程师（制造业）	招聘需求大：珠海市博恩科技有限公司，深圳市新凯来技术有限公司，智联猎头，厦门星纵物联科技有限公司，浙江芥衡科技有限公司 薪资水平高：湖南赫曦企业管理有限公司，荣耀终端股份有限公司，深圳市智佳能自动化有限公司，上海艾杰飞人才管理咨询有限公司，北京天诺德咨询有限公司
加大投入型	IT 技术/研发总监（制造业）	招聘需求大：株式会社 ProfaceSystems 股份有限公司，北京抖音信息服务有限公司，南京瑞合汇信息技术有限公司，北京前途语言培训学校有限公司，智联猎头 薪资水平高：四川华商基石人力资源有限公司，北京猎优才科技有限公司，四川彼岸方舟企业管理咨询有限公司，北京天桥科技有限公司，百信信息技术有限公司

续表

职位类型	职位名称	典型用人单位
适当培育型	数据标注师（制造业）	招聘需求大：上海微创软件股份有限公司，苏州巨能图像检测技术有限公司，上海智驾汽车科技有限公司，中冶赛迪信息技术（重庆）有限公司，深圳市斯科尔科技股份有限公司 薪资水平高：深圳市斯科尔科技股份有限公司，上海华驿汽车技术有限公司，北京先进数通信息技术股份公司，上海智驾汽车科技有限公司，上海微创软件股份有限公司
	Python 开发工程师（制造业）	招聘需求大：广东爱才人力资源有限公司，北京外企德科人力资源服务上海有限公司，软通动力信息技术（集团）股份有限公司，智联猎头，江苏润和软件股份有限公司 薪资水平高：深圳市拓普明途企业管理咨询有限公司，北京达融信科技集团有限公司，广州联颂网络科技有限公司，北京中科中电能源科技有限公司，箴言科技（陕西）有限责任公司
积极探索型	语音识别工程师（制造业）	招聘需求大：株式会社 ProfaceSystems 股份有限公司，北京抖音信息服务有限公司，南京瑞合汇信息技术有限公司，荣耀终端股份有限公司，智联猎头 薪资水平高：四川华商基石人力资源有限公司，北京猎优才科技有限公司，深圳市智佳能自动化有限公司，北京天桥科技有限公司，百信信息技术有限公司
	自然语言处理（制造业）	招聘需求大：北京抖音信息服务有限公司，多益网络有限公司 薪资水平高：南京瑞合汇信息技术有限公司，深圳软牛科技集团股份有限公司，深圳市利器精工科技有限公司

第二章

人工智能产业行业岗位人才需求调研分析

一、调研背景

为顺利开展本科层次职业教育人工智能工程技术专业2024级人才培养方案修订工作，专业依托人才培养方案编制系统，在全国范围内广泛开展专业调研，分别从产业发展环境、具体岗位需求两个维度对专业人才需求开展分析。其中产业发展环境重点对人工智能行业的当前政策环境、技术趋势、业态变化进行深入分析；面向与本专业相关的共261 136个社会招聘岗位进行了调研，累计涉及行业19个、用人单位（招聘主体）25 399家。最终从广泛的社会需求中，形成以语音识别工程师、嵌入式软件开发、自然语言处理、图像识别工程师、机器视觉工程师、机器学习工程师、深度学习工程师、Android开发工程师等岗位为核心的人才培养潜在面向，并以此作为本专业2024级人才培养方案内容的逻辑起点，为培养方案的内容更新提供依据。

二、产业环境

目前，人工智能的发展呈现出以下态势。

（一）AI大模型能力不断提升

AI大模型的能力正在快速提升，从单模态感知逐步发展到多模态认知。这种技术进步不仅扩大了AI的应用范围和深度，也使AI在更多领域中展现出其潜力。随着技术的不断进步，AI大模型在图像识别、自然语言处理、语音识别等多个领域表现卓越。这种能力的提升源于模型效果的显著改善，例如模型效果提升50%，训练速度提升2倍，推理速度提升30倍。这些技术进步为各行各业带来了前所未有的效率提升和创新机会。

大模型平台化趋势日益凸显，这种趋势降低了模型开发的门槛，使得更多企业能够利用AI技术提升业务效率和创新能力。通过平台化，企业可以更方便地获取和使用AI技术，无需庞大的专业团队，也能开发出高效的AI解决方案。这种平台化的趋势使得AI技术的普及和应用变得更加广泛，从而推动整个行业的智能化转型。AI大模型正在以丰富的应用形态和易用的使用方式深入赋能生产生活，逐渐构建基于大模型的智慧底座新生态。各行各业都在利用AI技术实现智能化转型，从而提高生产力和服务质量。例如，医疗行业通过AI实现疾病的早期诊断和个性化治疗，制造业通过AI优化生产流程和质量控制，金融行业通过AI进行风险评估和自动化交易。这些应用不仅提高了效率，还大大减少了人为错误，提升了服务的精准度和可靠性。

国际数据公司(IDC)的评估数据显示，领先的AI大模型在多个指标上表现优异，综合评分位居前列。这些评估结果反映了AI技术在实际应用中的强大能力和广阔前景。企业在布局AI后，平均在14个月内就能获得投资回报，显示出AI技术在提升业务效益方面的巨大潜力。调查还显示，71%的受访企业已经在使用AI，92%的AI项目部署仅需12个月或更短的时间，这些数据进一步证明了AI大模型在各行业中的快速应用和显著成效。面向未来，AI大模型厂商不再局限于拼战略和概念，而是追求模型的效率提升以及实际落地的价值。未来的市场趋势将围绕算力增强、算法优化和数据质量提升三个方面展开。这些路径是加速AI技术发展的重要途径。随着计算能力的不断提升，AI大模型能够处理更大规模的数据，进行更复杂的计算，从而提高模型的准确性和效率。算法优化也是推动AI技术进步的关键，通过优化算法，可以显著提升模型的性能和效率，减少计算资源的消耗，提高模型的推广和应用能力。数据质量的提升则是保证AI模型准确性和可靠性的基础，优质的数据能够为AI模型提供更好的训练基础，从而提升模型的表现。

总的来说，AI大模型的能力提升和平台化趋势正在推动AI技术的快速发展和广泛应用，带动了各行业的智能化转型和生产力提高。随着技术的不断进步，AI大模型将继续在更多领域发挥重要作用，为社会经济的发展注入新的动力和活力。

(二) 智能算力快速增长

智能算力是指利用智能技术(如人工智能、大数据、机器学习等)实现高效能计算的能力。它不仅涵盖硬件层面的计算芯片、内存和存储设备，还包括软件层面的算法、开发框架和应用程序。智能算力的核心在于通过优化计算资源的配置和利用，实现高效、低成本和高可靠性的计算服务。这种能力使得复杂计算和大数据处理变得更加高效和精准，是推动智能计算快速发展的关键因素。智能算力需求的增长已经成为推动计算技术快速创新的主要动力。随着大数据和大模型的广泛应用，计算芯片、互联网络、内存技术、开发框架和软件栈等各个领域都在不断进行突破和发展。这些技术的进步不仅提升了计算的效率和性能，还为智能计算提供了更强大的支持，使得各种复杂计算和大数据处理变得更加高效和精准。技术创新的快速发展不仅体现在硬件层面，还包括软件和算法的进步。智能计算需要更强大的计算能力、更快速的网络连接以及更高效的存储和处理能力，这些都推动了相关技术的全面创新。

随着智能算力需求的不断增长，计算芯片技术也在快速发展。GPU、TPU和专用 AI 加速芯片等新型芯片广泛应用于处理复杂的 AI 和机器学习任务，这些芯片专为提高计算效率而设计，提供了高效的计算能力。未来，这些高性能、低功耗的芯片将继续在智能算力领域发挥重要作用。此外，边缘计算和云计算的结合正在成为一种新的计算模式，使得计算资源可以更加灵活和高效地分配和利用。边缘计算通过在靠近数据源的位置进行计算，减少了数据传输的延迟，提高了实时处理能力，而云计算则提供了强大的集中计算资源，两者的结合能够满足不同场景下的智能计算需求。

量子计算作为一种前沿技术，虽然还处于早期研究阶段，但其潜力巨大，未来可能会在智能算力领域产生革命性的影响。量子计算通过利用量子比特进行计算，能够处理传统计算机无法解决的复杂问题，其并行计算能力和超强的计算速度为智能算力的发展提供了新的方向。尽管目前量子计算仍面临许多技术挑战，但随着研究的不断深入，其在智能算力中的应用前景非常广阔。

随着智能算力需求的增长，全球算力需求结构也发生了显著变化。智能计算正在逐渐取代传统计算，成为未来发展的主导方向。这种变化不仅反映在技术层面，也在市场和应用领域产生了深远影响。智能算力的提升为各种复杂计算和大数据处理提供了更强大的支持，进一步推动了技术和产业的融合发展。

（三）AIGC 技术的深化应用

当前 AIGC 技术已从最初追求生成内容的真实性发展到满足生成内容多样性、可控性的进阶需求，开始追求生成内容的组合性，更加关注复杂场景、长文本等内容元素的组合，并基于超大规模、超多参数量的模型持续提高 AIGC 技术能力，包括利用视觉大模型提升 AIGC 感知能力、利用语言大模型增强 AIGC 认知能力、利用多模态大模型升级 AIGC 内容创作能力。2022 年被称为 AIGC 元年，未来兼具大模型和多模态模型的 AIGC 模型有望成为新的技术平台。海量参数产生大算力需求，OpenAI 预估算力需求每 3.5 个月翻一倍，每年近 10 倍。AI 大模型的算力水平显著供不应求，在大模型训练对数据总量的带动下，需要性能更高、功耗成本更低的算力芯片，高壁垒 AI 芯片显著受益。叠加国产替代大趋势，AI 芯片国产化进程加速。

伴随着 AIGC 技术的不断深化发展和在众多行业中的广泛应用，企业端对人工智能技术的落地应用技术研发逐渐成为企业的技术重心之一。伴随而来的在不同行业、不同场景下的图像识别、语音识别、机器视觉、自然语言处理、深度学习等职能研发型岗位越来越受到广泛重视。

三、岗位需求

本次调研重点面向语音识别工程师、嵌入式软件开发、自然语言处理、图像识别工程师、机器视觉工程师、机器学习工程师、深度学习工程师、Android 开发工程师等核心岗位开展，经对社会招聘岗位的详细分析，获得以下调研信息。

（一）语音识别工程师岗

1. 薪资水平

经调研，语音识别工程师岗位在全国的平均薪资水平为 15 238 元，在全部本科层次人工智能工程技术专业相关岗位中处于上游水平，具体如图 2-1 所示。就语音识别工程师岗位本身而言，用人单位提供的薪资最高为 30 000 元，最低为 3 000 元，多数岗位的薪资范围处于 19 000～20 999 元，薪资水平较为稳定，具体如图 2-2 所示。

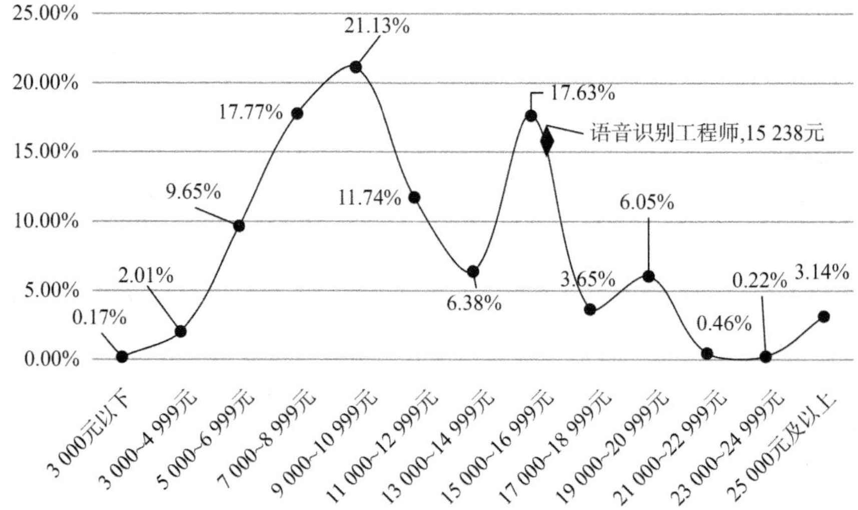

注:本书中数据或因四舍五入原则,存在微小数值偏差。

图 2-1　语音识别工程师岗位平均薪资水平相对位置

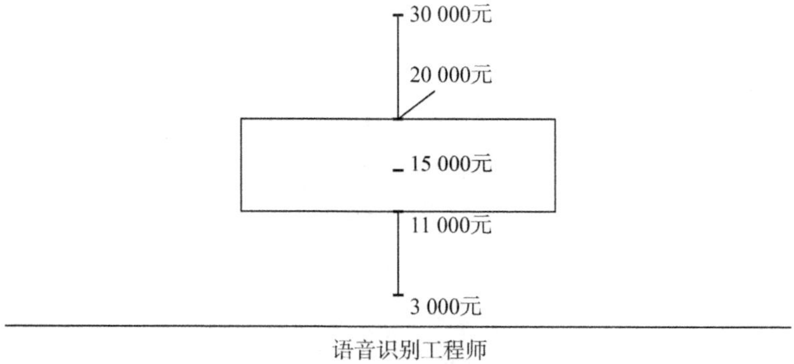

图 2-2　语音识别工程师岗位薪资范围

2. 岗位需求量

经调研,语音识别工程师岗在全国的岗位需求总量为 101 个,占全部本科层次人工智能工程技术专业相关岗位的 0.04%,在所有岗位中占比处于下游水平,具体如图 2-3 所示。

图 2-3　语音识别工程师岗位需求数量相对位置

3. 岗位与专业培养相关性

经调研，语音识别工程师岗位的工作内容与本专业人才培养内容相关程度达到 91.67％，绝大部分工作所需知识/技能/素养能够在在校期间得到充分培养，从事本岗位与专业培养的相关性极高。具体如图 2-4 所示。

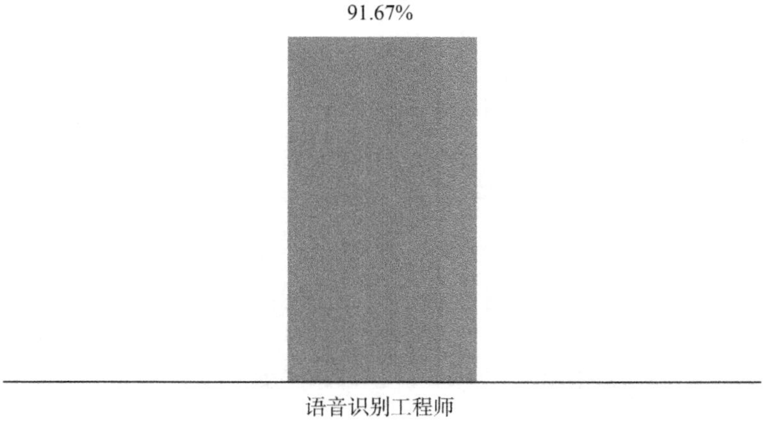

图 2-4　语音识别工程师岗位工作内容与本专业培养相关性

4. 雇主质量

经调研，语音识别工程师岗位在全国共有 19 家用人单位有明确需求，雇主数量在所有岗位中处于下游水平，岗位需求分布广泛。具体如图 2-5 所示。

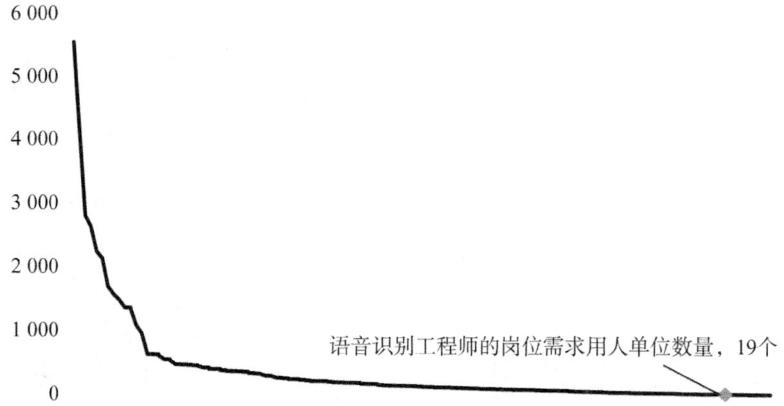

图 2-5　语音识别工程师岗位用人单位数量相对位置

在对语音识别工程师岗位有需求的各类型用人单位中，民营/私营企业占比 83.33%、国企占比 11.11%。在不同类型用人单位对语音识别工程师岗位需求数量方面，民营/私营企业共提供了 81 个需求，占语音识别工程师全部需求的 80.2%。国企共提供了 15 个需求，占语音识别工程师全部需求的 14.85%。具体如图 2-6 所示。

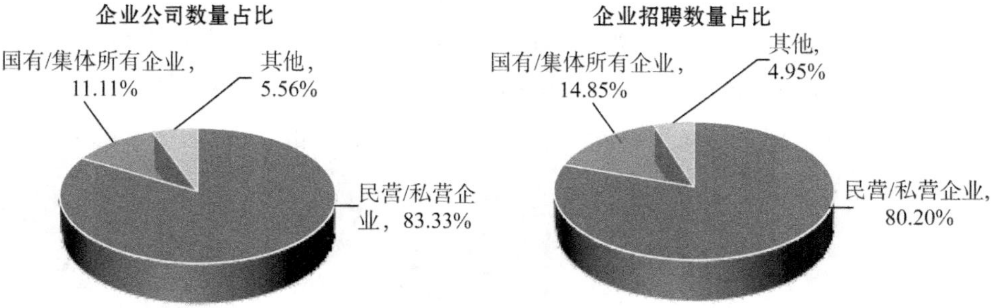

图 2-6　不同类型企业占比及岗位需求示意图

在对语音识别工程师岗位有需求的各类型用人单位中，1 000～9 999 人规模的企业有 38.89%，100 人以下规模的企业有 22.22%，300～999 人规模的企业有 22.22%，10 000 人及以上规模的企业有 11.11%，100～299 人规模的企业有 5.56%。在不同规模用人单位对语音识别工程师岗位需求数量方面，1 000～9 999 人规模的企业共提供了 50 个需求，占语音识别工程师全部需求的 49.5%。300～999 人规模的企业共提供了 20 个需求，占语音识别工程师全部需求的19.8%。100人以下规模的企业共提供了16个需求，占语音识别工程师全部需求的15.84%。10 000人及以上规模的企业共提供了10个需求，占语音识别工程师全部需求的9.9%。100～299人规模的企业共提供了5个需求，占语音识别工程师全部需求的4.95%。具体如图2-7所示。

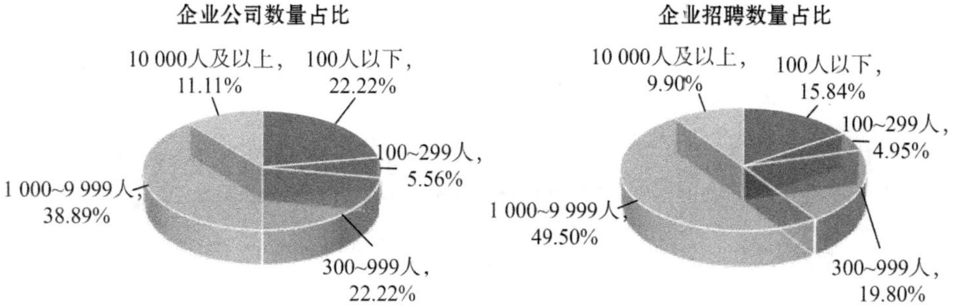

图2-7 不同规模企业占比及岗位需求示意图

5. 城市分布

经调研，语音识别工程师岗位在全国范围内6个省市均有需求，涉及省市数在全部相关岗位中处于下游水平，岗位需求分布明显偏窄。其中，河北省省会石家庄市对语音识别工程师岗位需求量有1个、占比0.99%。本校(即河北科工大，以下同)所在地邢台市，对语音识别工程师岗位需求量有0个、占比0.0%。语音识别工程师岗位在全国各省市需求情况如图2-8所示。

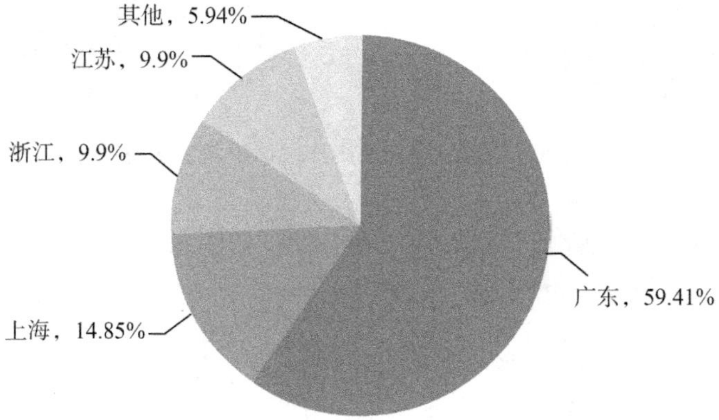

图2-8 全国各省市对语音识别工程师岗位需求量占比

(二) 嵌入式软件开发岗

1. 薪资水平

经调研，嵌入式软件开发岗位在全国的平均薪资水平为 13 111 元，在全部本科层次人工智能工程技术专业相关岗位中处于中上游水平，具体如图 2-9 所示。就嵌入式软件开发岗位本身而言，用人单位提供的薪资最高为 30 000 元，最低为 2 000 元，多数岗位的薪资范围处于 15 000～16 999 元，薪资水平波动较大，具体如图 2-10 所示。

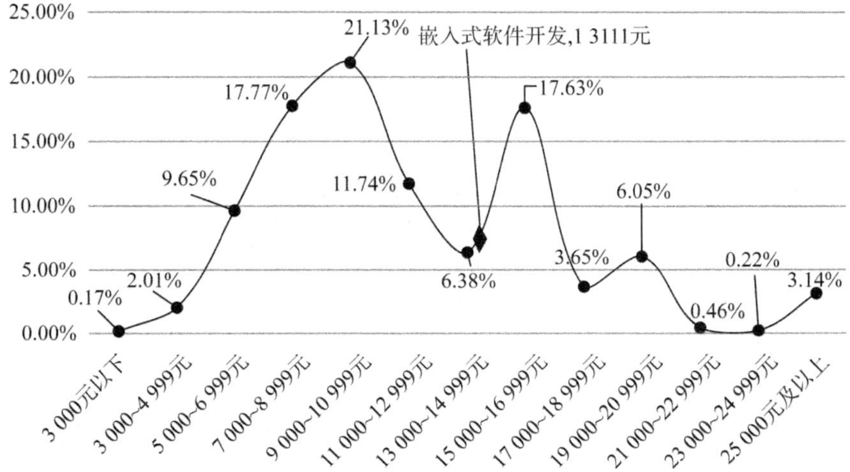

图 2-9　嵌入式软件开发岗位平均薪资水平相对位置

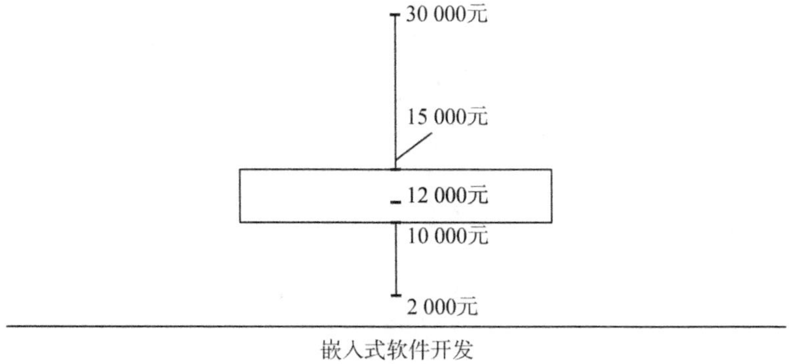

图 2-10　嵌入式软件开发岗位薪资范围

2. 岗位需求量

经调研，嵌入式软件开发岗在全国的岗位需求总量为 33 211 个，占全部本科层次人工智能工程技术专业相关岗位的 12.72%，在所有岗位中占比处于上游水平，具体如图 2-11 所示。

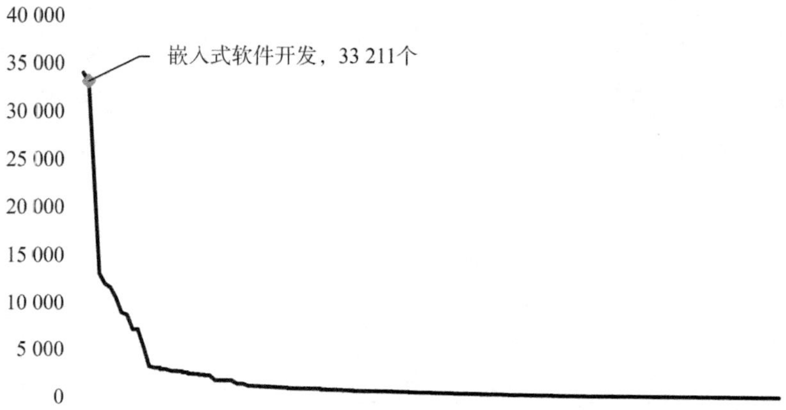

图 2-11　嵌入式软件开发岗位需求数量相对位置

3. 岗位与专业培养相关性

经调研，嵌入式软件开发岗位的工作内容与本专业人才培养内容相关程度达到 72.22%，部分工作所需知识/技能/素养能够在在校期间得到充分培养，从事本岗位与专业培养的相关性较低。具体如图 2-12 所示。

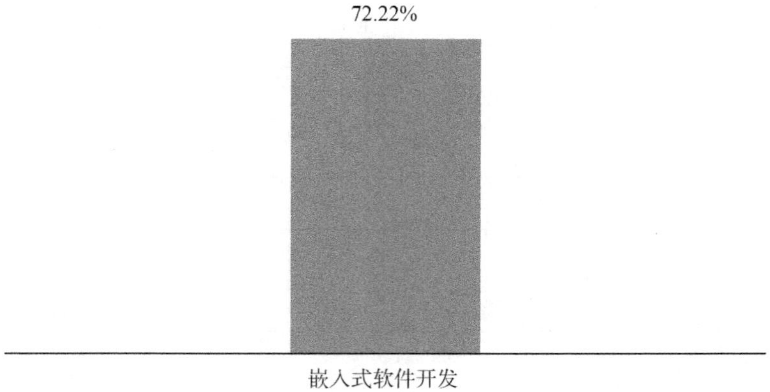

图 2-12　嵌入式软件开发岗位工作内容与本专业培养相关性

4. 雇主质量

经调研，嵌入式软件开发岗位在全国共有 5 555 家用人单位有明确需求，雇主数量在所有岗位中处于上游水平，岗位需求分布广泛。具体如图 2-13 所示。

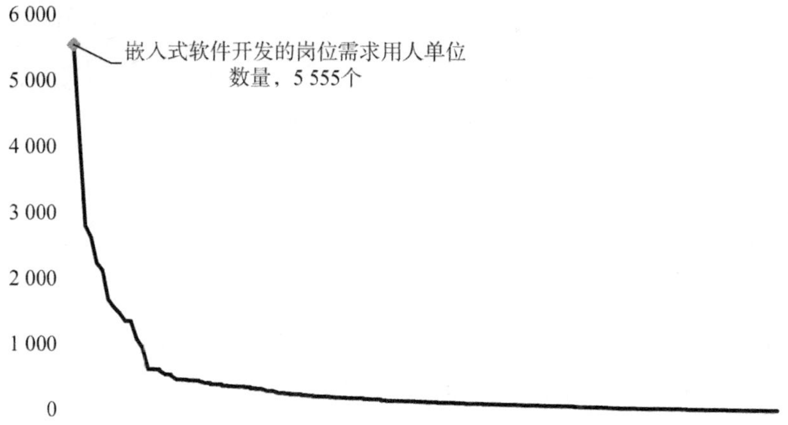

图 2-13　嵌入式软件开发岗位用人单位数量相对位置

在对嵌入式软件开发岗位有需求的各类型用人单位中，民营/私营企业占比 66.56%、中外合资/外资企业占比 9.63%、国企占比 5.1%、政府机构/事业单位占比 1.25%、其他非营利性组织占比 0.25%。在不同类型用人单位对嵌入式软件开发岗位需求数量方面，民营/私营企业共提供了 21 173 个需求，占嵌入式软件开发全部需求的 63.75%。中外合资/外资企业共提供了 3 759 个需求，占嵌入式软件开发全部需求的 11.32%。国企共提供了 1 526 个需求，占嵌入式软件开发全部需求的 4.59%。政府机构/事业单位共提供了 315 个需求，占嵌入式软件开发全部需求的 0.95%。其他非营利性组织共提供了 84 个需求，占嵌入式软件开发全部需求的 0.25%。具体如图 2-14 所示。

在对嵌入式软件开发岗位有需求的各类型用人单位中，100 人以下规模的企业有 43.67%，100～299 人规模的企业有 27.3%，300～999 人规模的企业有 13.62%，1 000～9 999 人规模的企业有 12.78%，10 000 人及以上规模的企业有 2.63%。在不同规模用人单位对嵌入式软件开发岗位需求数量方面，100 人以下规模的企业共提供了 11 866 个需求，占嵌入式软件开发全部需求的 35.73%。100～299 人规模的企业共提供了 8 570 个需求，占嵌入式软件开发

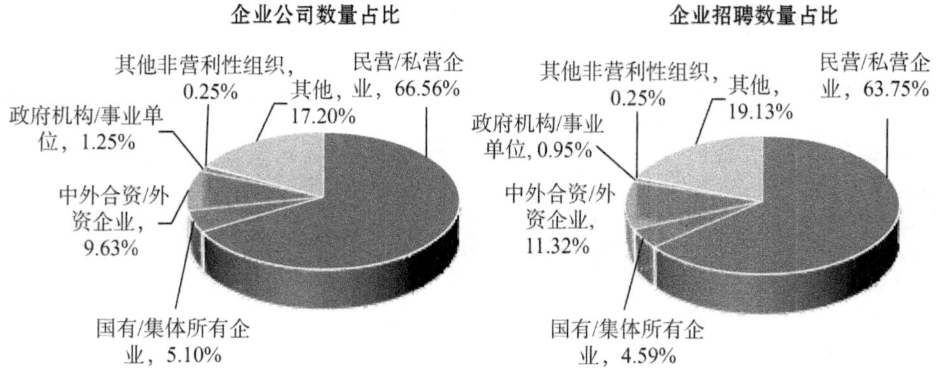

图 2-14　不同类型企业占比及岗位需求示意图

全部需求的 25.8%。1 000～9 999 人规模的企业共提供了 6 419 个需求，占嵌入式软件开发全部需求的 19.33%。300～999 人规模的企业共提供了 4 615 个需求，占嵌入式软件开发全部需求的 13.9%。10 000 人及以上规模的企业共提供了 1 741 个需求，占嵌入式软件开发全部需求的 5.24%。具体如图 2-15 所示。

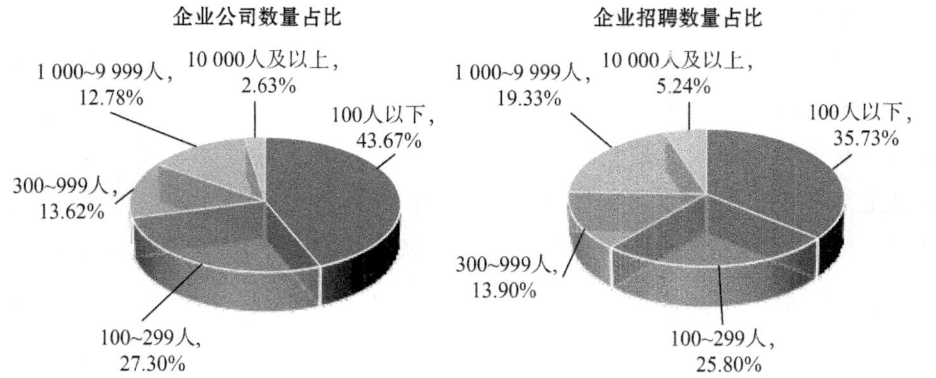

图 2-15　不同规模企业占比及岗位需求示意图

5. 城市分布

经调研，嵌入式软件开发岗位在全国范围内 28 个省市均有需求，涉及省市数在全部相关岗位中处于上游水平，岗位需求分布广泛。其中，河北省省会石家庄市对嵌入式软件开发岗位需求量有 39 个、占比 0.12%。本校所在地邢台市，对嵌入式软件开发岗位需求量有 3 个、占比 0.01%。嵌入式软件开发岗位在全国各省市需求情况如图 2-16 所示。

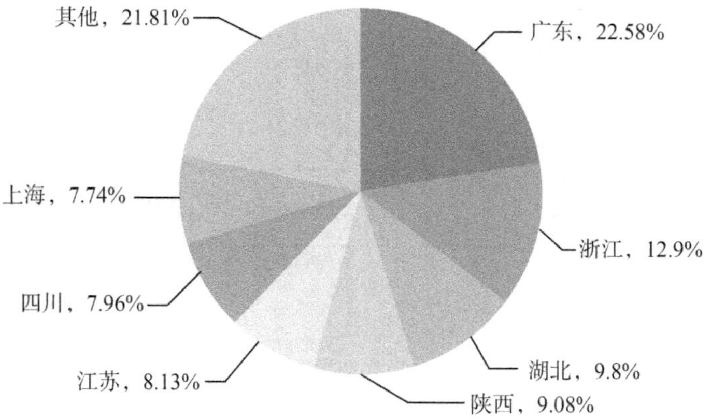

图 2-16　全国各省市对嵌入式软件开发岗位需求量占比

（三）自然语言处理岗

1. 薪资水平

经调研，自然语言处理岗位在全国的平均薪资水平为 15 792 元，在全部本科层次人工智能工程技术专业相关岗位中处于上游水平，具体如图 2-17 所示。

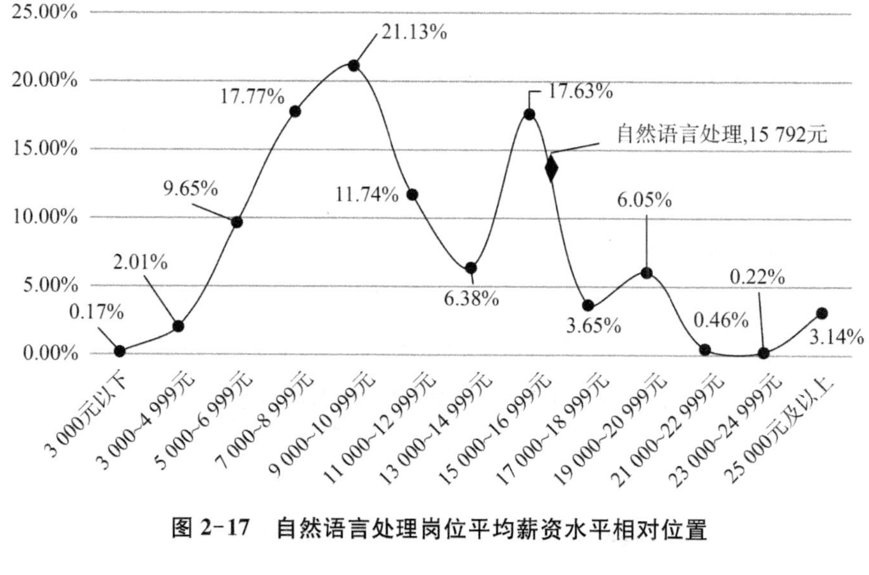

图 2-17　自然语言处理岗位平均薪资水平相对位置

就自然语言处理岗位本身而言，用人单位提供的薪资最高为 30 000 元，最低为 3 000 元，多数岗位的薪资范围处于 15 000～16 999 元，薪资水平较为稳定，具体如图 2-18 所示。

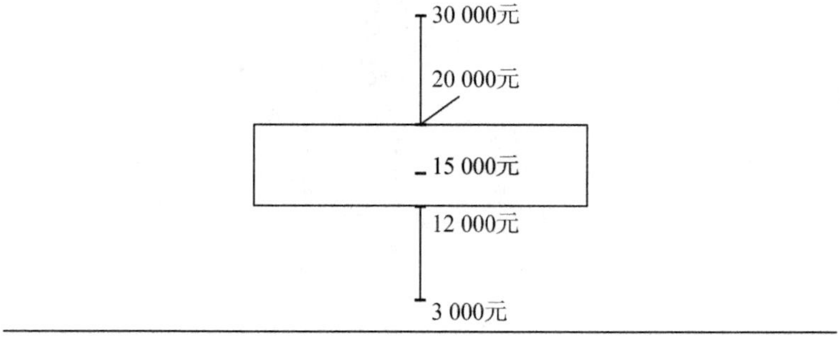

图 2-18　自然语言处理岗位薪资范围

2. 岗位需求量

经调研，自然语言处理岗在全国的岗位需求总量为 984 个，占全部本科层次人工智能工程技术专业相关岗位的 0.38%，在所有岗位中占比处于中上游水平，具体如图 2-19 所示。

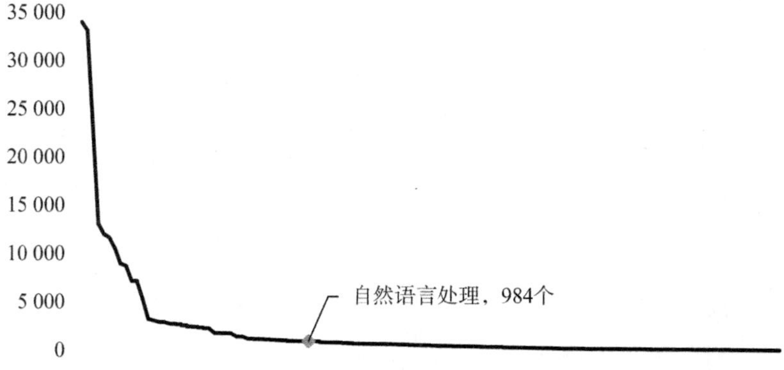

图 2-19　自然语言处理岗位需求数量相对位置

3. 岗位与专业培养相关性

经调研，自然语言处理岗位的工作内容与本专业人才培养内容相关程度达到 91.67%，绝大部分工作所需知识/技能/素养能够在在校期间得到充分培养，从事本岗位与专业培养的相关性极高。具体如图 2-20 所示。

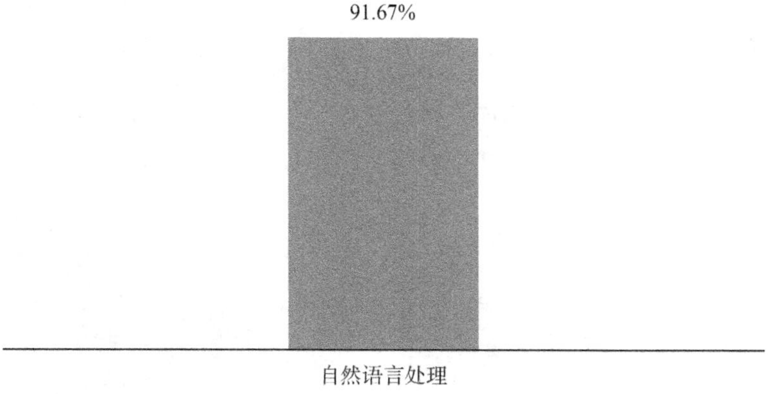

图 2-20　自然语言处理岗位工作内容与本专业培养相关性

4. 雇主质量

经调研，自然语言处理岗位在全国共有 301 家用人单位有明确需求，雇主数量在所有岗位中处于中上游水平，岗位需求分布广泛。具体如图 2-21 所示。

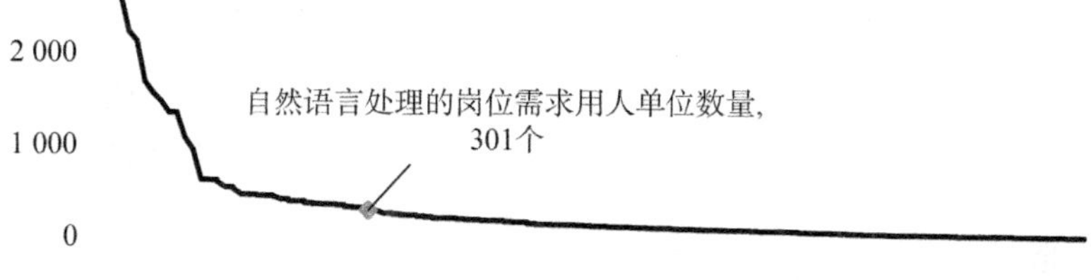

图 2-21　自然语言处理岗位用人单位数量相对位置

在对自然语言处理岗位有需求的各类型用人单位中，民营/私营企业占比55.63%、国企占比8.28%、中外合资/外资企业占比7.95%、政府机构/事业单位占比0.66%。在不同类型用人单位对自然语言处理岗位需求数量方面，民营/私营企业共提供了512个需求，占自然语言处理全部需求的52.03%。中外合资/外资企业共提供了128个需求，占自然语言处理全部需求的13.01%。国企共提供了94个需求，占自然语言处理全部需求的9.55%。政府机构/事业单位共提供了3个需求，占自然语言处理全部需求的0.3%。具体如图2-22所示。

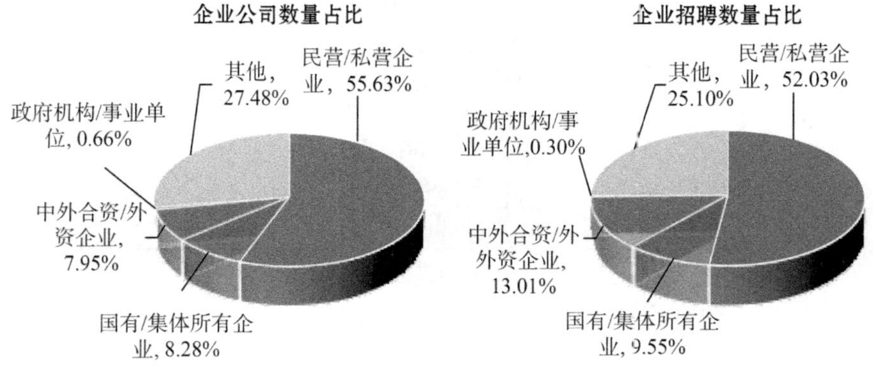

图2-22　不同类型企业占比及岗位需求示意图

在对自然语言处理岗位有需求的各类型用人单位中，100人以下规模的企业有27.48%，100～299人规模的企业有26.49%，1 000～9 999人规模的企业有24.5%，300～999人规模的企业有14.57%，10 0C0人及以上规模的企业有6.95%。在不同规模用人单位对自然语言处理岗位需求数量方面，1 000～9 999人规模的企业共提供了344个需求，占自然语言处理全部需求的34.96%。100人以下规模的企业共提供了212个需求，占自然语言处理全部需求的21.54%。100～299人规模的企业共提供了188个需求，占自然语言处理全部需求的19.11%。300～999人规模的企业共提供了133个需求，占自然语言处理全部需求的13.52%。10 000人及以上规模的企业共提供了107个需求，占自然语言处理全部需求的10.87%。具体如图2-23所示。

5. 城市分布

经调研，自然语言处理岗位在全国范围内24个省市均有需求，涉及省市数

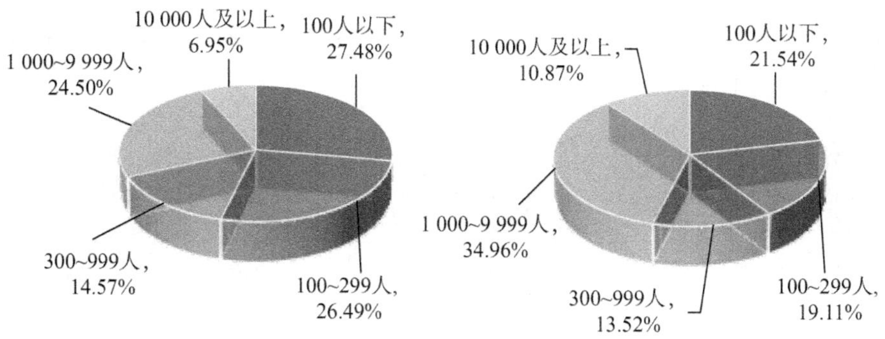

图 2-23　不同规模企业占比及岗位需求示意图

在全部相关岗位中处于中上游水平，岗位需求分布比较广泛。其中，河北省省会石家庄市对自然语言处理岗位需求量有 8 个、占比 0.81%。本校所在地邢台市，对自然语言处理岗位需求量有 0 个、占比 0.0%。自然语言处理岗位在全国各省市需求情况如图 2-24 所示。

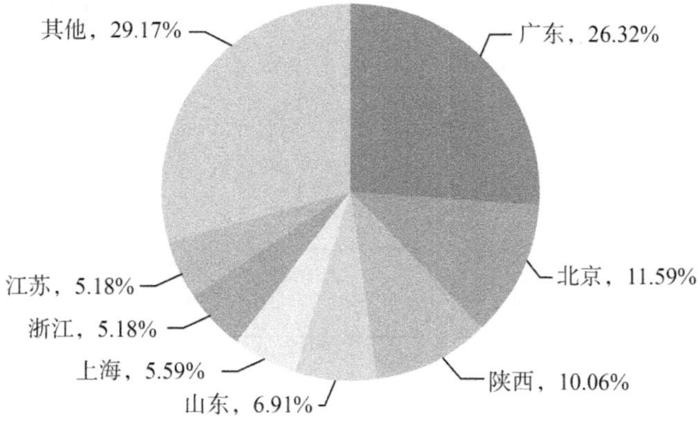

图 2-24　全国各省市对自然语言处理岗位需求量占比

（四）图像识别工程师岗

1. 薪资水平

经调研，图像识别工程师岗位在全国的平均薪资水平为 14 318 元，在全部本科层次人工智能工程技术专业相关岗位中处于上游水平，具体如图 2-25 所示。就图像识别工程师岗位本身而言，用人单位提供的薪资最高为 30 000 元，最低为 3 000 元，多数岗位的薪资范围处于 15 000～16 999 元，薪资水平波动较大，具体如图 2-26 所示。

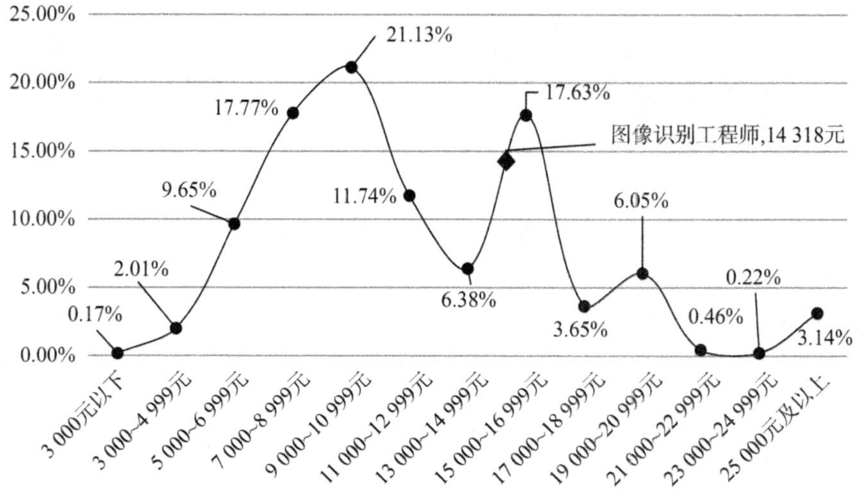

图 2-25　图像识别工程师岗位平均薪资水平相对位置

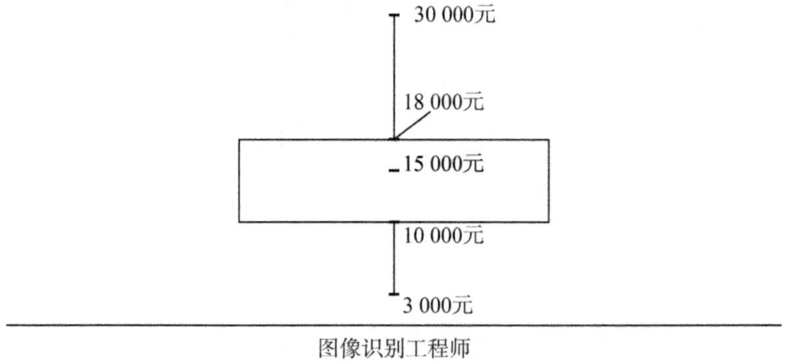

图 2-26　图像识别工程师岗位薪资范围

2. 岗位需求量

经调研，图像识别工程师岗在全国的岗位需求总量为 1 171 个，占全部本科层次人工智能工程技术专业相关岗位的 0.45%，在所有岗位中占比处于中上游水平，具体如图 2-27 所示。

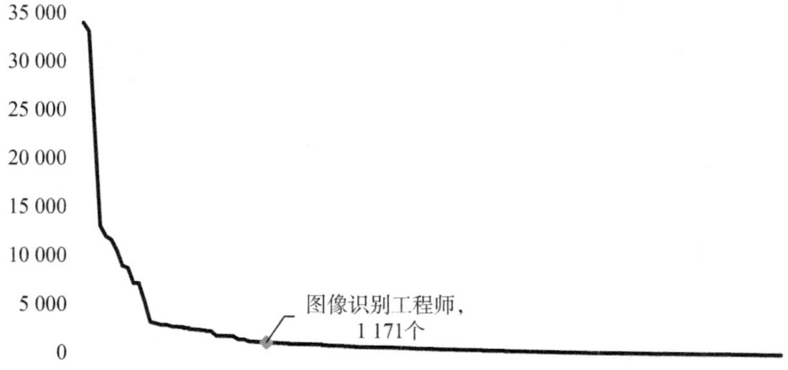

图 2-27　图像识别工程师岗位需求数量相对位置

3. 岗位与专业培养相关性

经调研，图像识别工程师岗位的工作内容与本专业人才培养内容相关程度达到 94.44%，绝大部分工作所需知识/技能/素养能够在在校期间得到充分培养，从事本岗位与专业培养的相关性极高。具体如图 2-28 所示。

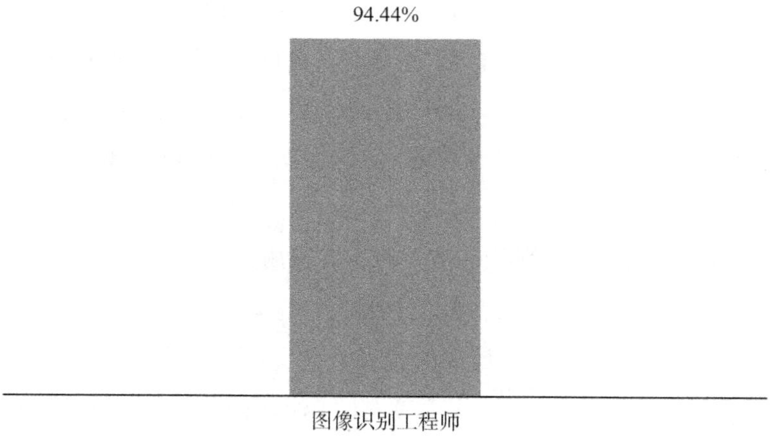

图 2-28　图像识别工程师岗位工作内容与本专业培养相关性

4. 雇主质量

经调研,图像识别工程师岗位在全国共有 458 家用人单位有明确需求,雇主数量在所有岗位中处于上游水平,岗位需求分布广泛。具体如图 2-29 所示。

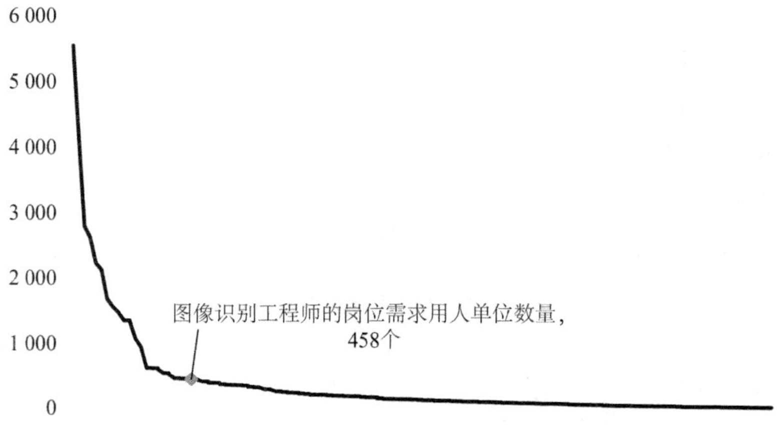

图 2-29　图像识别工程师岗位用人单位数量相对位置

在对图像识别工程师岗位有需求的各类型用人单位中,民营/私营企业占比 62.09%、国企占比 6.1%、中外合资/外资企业占比 5.88%、政府机构/事业单位占比 2.4%。在不同类型用人单位对图像识别工程师岗位需求数量方面,民营/私营企业共提供了 749 个需求,占图像识别工程师全部需求的 63.96%。中外合资/外资企业共提供了 69 个需求,占图像识别工程师全部需求的 5.89%。国企共提供了 56 个需求,占图像识别工程师全部需求的 4.78%。政府机构/事业单位共提供了 39 个需求,占图像识别工程师全部需求的 3.33%。具体如图 2-30 所示。

在对图像识别工程师岗位有需求的各类型用人单位中,100 人以下规模的企业有 40.52%,100～299 人规模的企业有 26.14%,1 000～9 999 人规模的企业有 16.56%,300～999 人规模的企业有 12.64%,10 000 人及以上规模的企业有 4.14%。在不同规模用人单位对图像识别工程师岗位需求数量方面,100 人以下规模的企业共提供了 435 个需求,占图像识别工程师全部需求的 37.15%。100～299 人规模的企业共提供了 260 个需求,占图像识别工程师全部需求的 22.2%。1 000～9 999 人规模的企业共提供了 231 个需求,占图像识

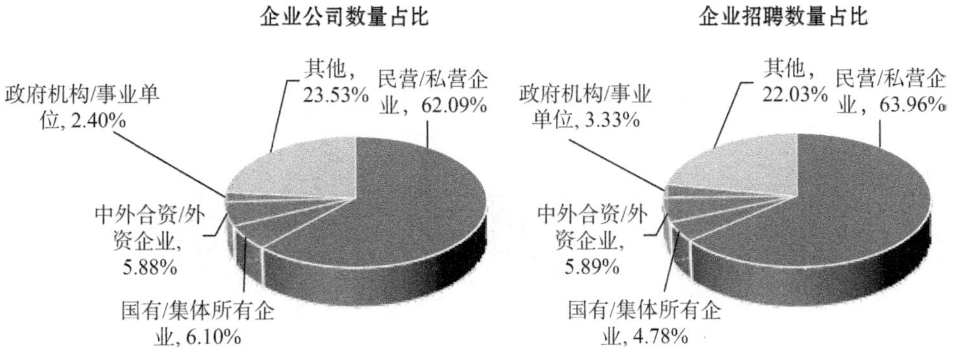

图 2-30　不同类型企业占比及岗位需求示意图

别工程师全部需求的 19.73%。300～999 人规模的企业共提供了 132 个需求，占图像识别工程师全部需求的 11.27%。10 000 人及以上规模的企业共提供了 113 个需求，占图像识别工程师全部需求的 9.65%。具体如图 2-31 所示。

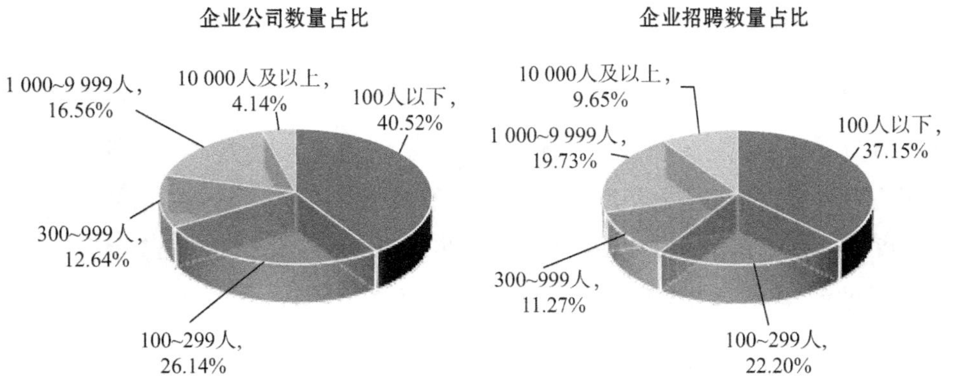

图 2-31　不同规模企业占比及岗位需求示意图

5. 城市分布

经调研，图像识别工程师岗位在全国范围内 24 个省市均有需求，涉及省市数在全部相关岗位中处于中上游水平，岗位需求分布比较广泛。其中，河北省省会石家庄市对图像识别工程师岗位需求量有 8 个、占比 0.68%。本校所在地邢台市，对图像识别工程师岗位需求量有 0 个、占比 0.0%。图像识别工程师岗位在全国各省市需求情况如图 2-32 所示。

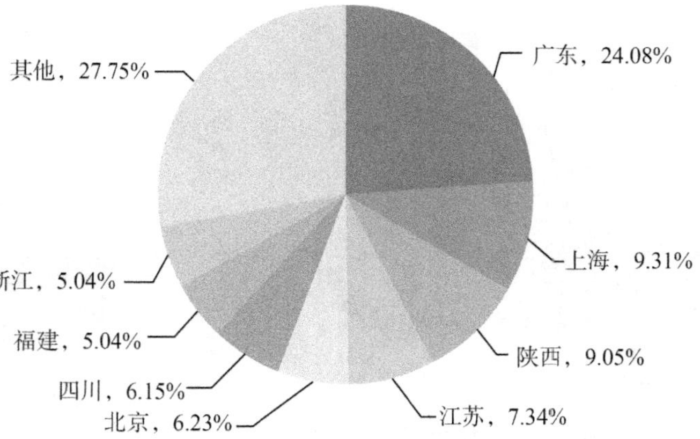

图 2-32　全国各省市对图像识别工程师岗位需求量占比

（五）机器视觉工程师岗

1. 薪资水平

经调研，机器视觉工程师岗位在全国的平均薪资水平为 12 537 元，在全部本科层次人工智能工程技术专业相关岗位中处于中上游水平，具体如图 2-33 所示。就机器视觉工程师岗位本身而言，用人单位提供的薪资最高为 30 000 元，最低为 2 000 元，多数岗位的薪资范围处于 15 000～16 999 元，薪资水平波动较大，具体如图 2-34 所示。

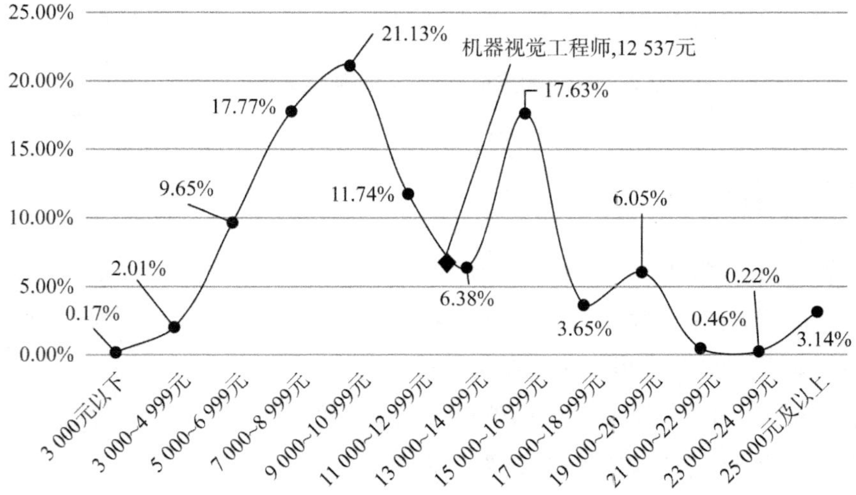

图 2-33　机器视觉工程师岗位平均薪资水平相对位置

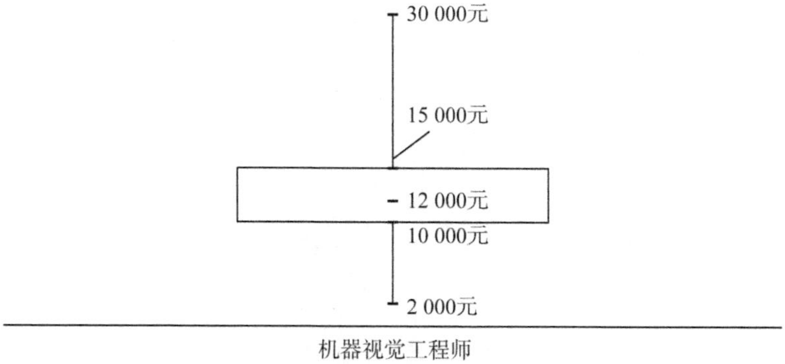

图 2-34　机器视觉工程师岗位薪资范围

2. 岗位需求量

经调研，机器视觉工程师岗在全国的岗位需求总量为 7 126 个，占全部本科层次人工智能工程技术专业相关岗位的 2.73%，在所有岗位中占比处于上游水平，具体如图 2-35 所示。

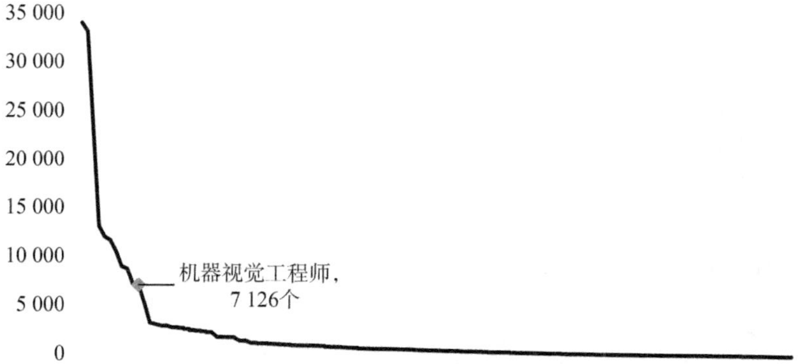

图 2-35　机器视觉工程师岗位需求数量相对位置

3. 岗位与专业培养相关性

经调研，机器视觉工程师岗位的工作内容与本专业人才培养内容相关程度达到 86.11%，绝大部分工作所需知识/技能/素养能够在在校期间得到充分培养，从事本岗位与专业培养的相关性极高。具体如图 2-36 所示。

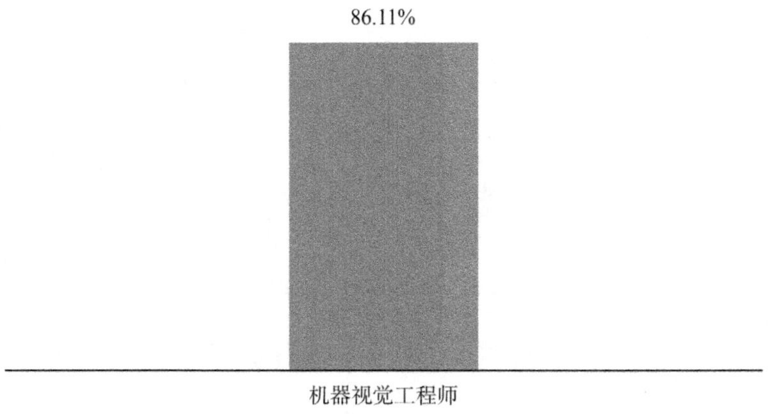

图 2-36　机器视觉工程师岗位工作内容与本专业培养相关性

4. 雇主质量

经调研，机器视觉工程师岗位在全国共有 1365 家用人单位有明确需求，雇主数量在所有岗位中处于上游水平，岗位需求分布广泛。具体如图 2-37 所示。

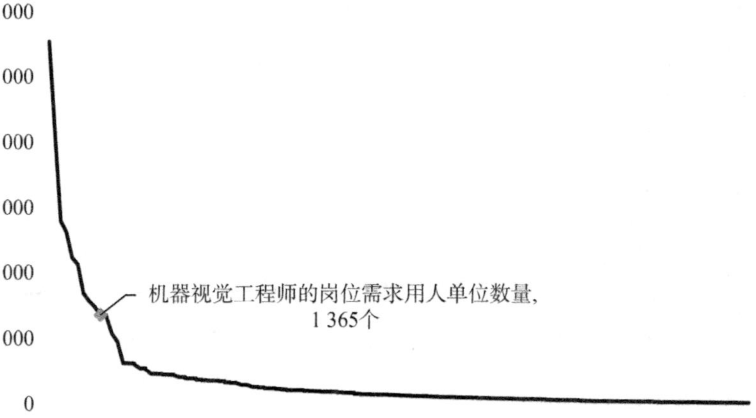

图 2-37　机器视觉工程师岗位用人单位数量相对位置

在对机器视觉工程师岗位有需求的各类型用人单位中，民营/私营企业占比 64.38%、中外合资/外资企业占比 10.92%、国企占比 5.03%、政府机构/事业单位占比 1.24%、其他非营利性组织占比 0.15%。在不同类型用人单位对机器视觉工程师岗位需求数量方面，民营/私营企业共提供了 4 231 个需求，占机器视觉工程师全部需求的 59.37%。中外合资/外资企业共提供了 871 个需求，占机器视觉工程师全部需求的 12.22%。国企共提供了 269 个需求，占机器视觉工程师全部需求的 3.77%。政府机构/事业单位共提供了 55 个需求，占机器视觉工程师全部需求的 0.77%。其他非营利性组织共提供了 15 个需求，占机器视觉工程师全部需求的 0.21%。具体如图 2-38 所示。

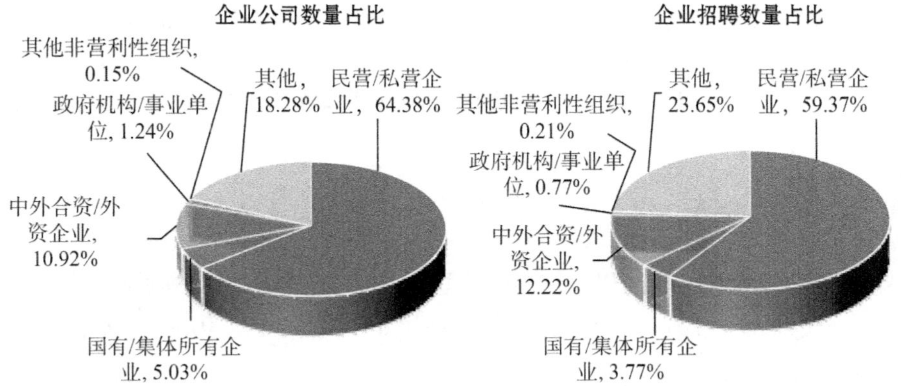

图 2-38　不同类型企业占比及岗位需求示意图

在对机器视觉工程师岗位有需求的各类型用人单位中，100 人以下规模的企业有 40.09%，100～299 人规模的企业有 23.69%，1 000～9 999 人规模的企业有 16.11%，300～999 人规模的企业有 14.58%，10 000 人及以上规模的企业有 5.54%。在不同规模用人单位对机器视觉工程师岗位需求数量方面，100 人以下规模的企业共提供了 2 586 个需求，占机器视觉工程师全部需求的 36.29%。100～299 人规模的企业共提供了 1 562 个需求，占机器视觉工程师全部需求的 21.92%。1 000～9 999 人规模的企业共提供了 1 304 个需求，占机器视觉工程师全部需求的 18.3%。300～999 人规模的企业共提供了 1 008 个需求，占机器视觉工程师全部需求的 14.15%。10 000 人及以上规模的企业共提供了 666 个需求，占机器视觉工程师全部需求的 9.35%。具体如图 2-39 所示。

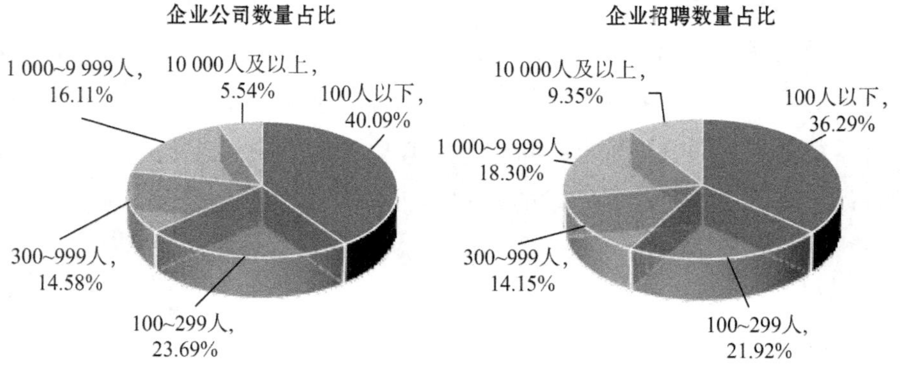

图 2-39　不同规模企业占比及岗位需求示意图

5. 城市分布

经调研，机器视觉工程师岗位在全国范围内 28 个省市均有需求，涉及省市数在全部相关岗位中处于上游水平，岗位需求分布广泛。其中，河北省省会石家庄市对机器视觉工程师岗位需求量有 5 个、占比 0.07%。本校所在地邢台市，对机器视觉工程师岗位需求量有 0 个、占比 0.0%。机器视觉工程师岗位在全国各省市需求情况如图 2-40 所示。

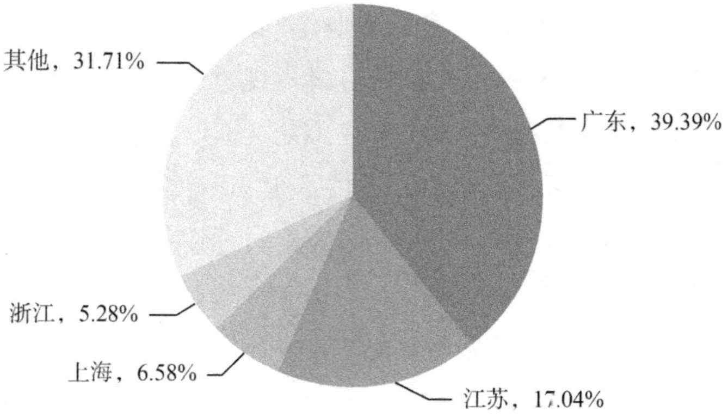

图 2-40　全国各省市对机器视觉工程师岗位需求量占比

(六) 机器学习工程师岗

1. 薪资水平

经调研,机器学习工程师岗位在全国的平均薪资水平为 14 863 元,在全部本科层次人工智能工程技术专业相关岗位中处于上游水平,具体如图 2-41 所示。就机器学习工程师岗位本身而言,用人单位提供的薪资最高为 30 000 元,最低为 3 000 元,多数岗位的薪资范围处于 15 000～16 999 元,薪资水平波动较大,具体如图 2-42 所示。

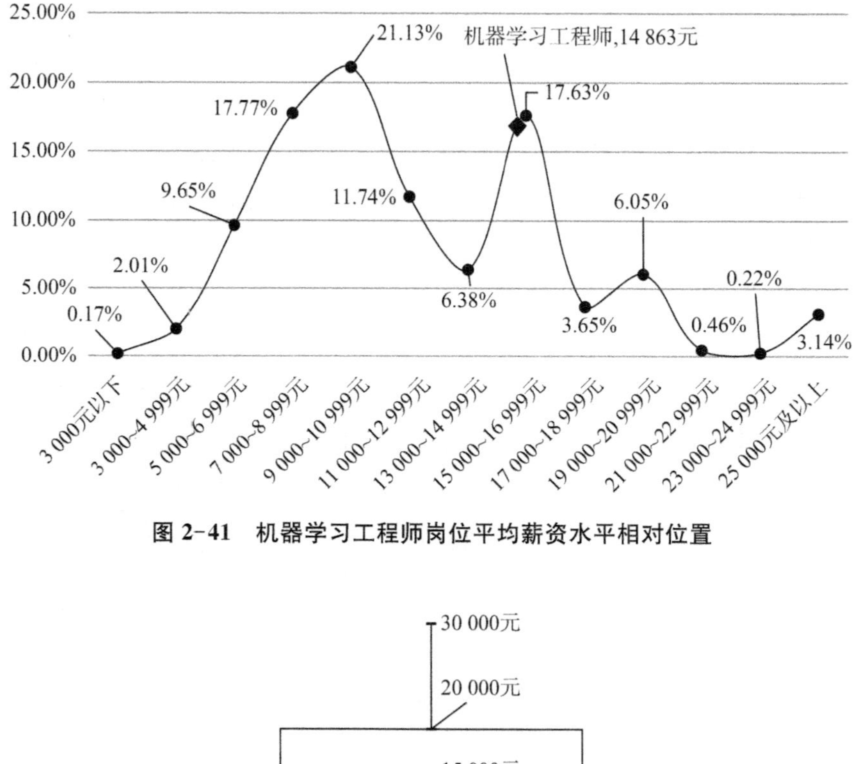

图 2-41　机器学习工程师岗位平均薪资水平相对位置

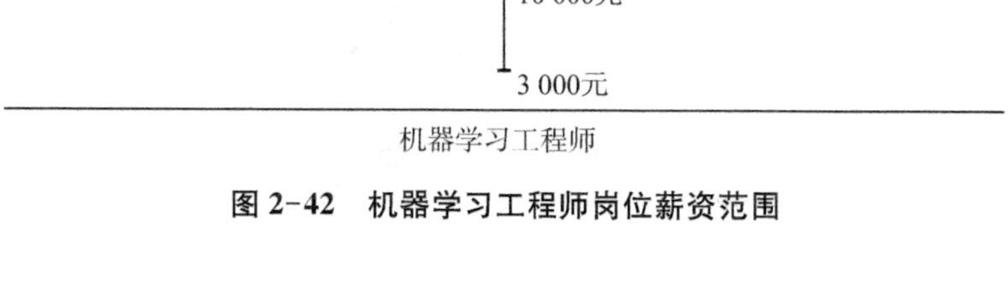

图 2-42　机器学习工程师岗位薪资范围

2. 岗位需求量

经调研，机器学习工程师岗在全国的岗位需求总量为 993 个，占全部本科层次人工智能工程技术专业相关岗位的 0.38%，在所有岗位中占比处于中上游水平，具体如图 2-43 所示。

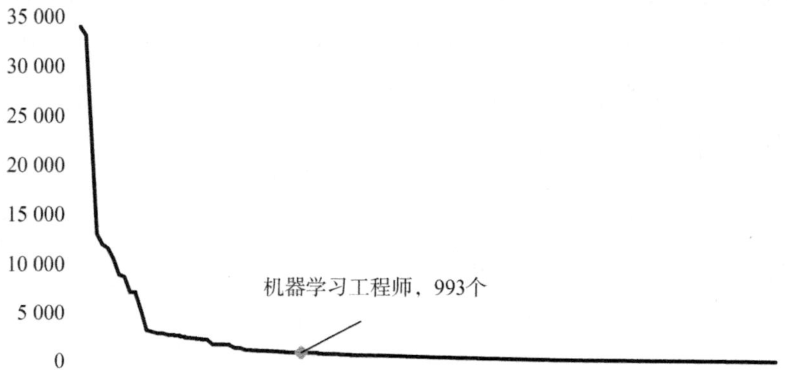

图 2-43　机器学习工程师岗位需求数量相对位置

3. 岗位与专业培养相关性

经调研，机器学习工程师岗位的工作内容与本专业人才培养内容相关程度达到 100.0%，绝大部分工作所需知识/技能/素养能够在在校期间得到充分培养，从事本岗位与专业培养的相关性极高。具体如图 2-44 所示。

图 2-44　机器学习工程师岗位工作内容与本专业培养相关性

4. 雇主质量

经调研，机器学习工程师岗位在全国共有 208 家用人单位有明确需求，雇主数量在所有岗位中处于中上游水平，岗位需求分布广泛。具体如图 2-45 所示。

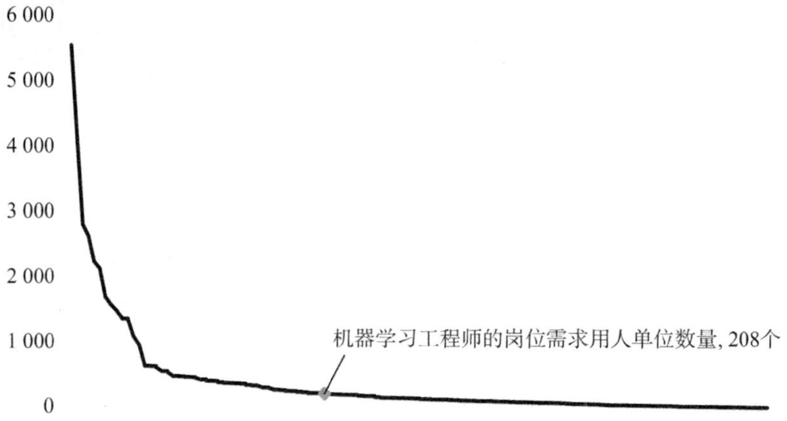

图 2-45　机器学习工程师岗位用人单位数量相对位置

在对机器学习工程师岗位有需求的各类型用人单位中，民营/私营企业占比 53.85%、中外合资/外资企业占比 15.87%、国企占比 5.77%、政府机构/事业单位占比 3.37%。在不同类型用人单位对机器学习工程师岗位需求数量方面，民营/私营企业共提供了 627 个需求，占机器学习工程师全部需求的 63.14%。中外合资/外资企业共提供了 155 个需求，占机器学习工程师全部需求的 15.61%。国企共提供了 56 个需求，占机器学习工程师全部需求的 5.64%。政府机构/事业单位共提供了 27 个需求，占机器学习工程师全部需求的 2.72%。具体如图 2-46 所示。

在对机器学习工程师岗位有需求的各类型用人单位中，100 人以下规模的企业有 35.41%，1 000～9 999 人规模的企业有 21.05%，100～299 人规模的企业有 21.05%，10 000 人及以上规模的企业有 11.48%，300～999 人规模的企业有 11.0%。在不同规模用人单位对机器学习工程师岗位需求数量方面，100 人以下规模的企业共提供了 295 个需求，占机器学习工程师全部需求的 29.71%。10 000 人及以上规模的企业共提供了 288 个需求，占机器学习工程

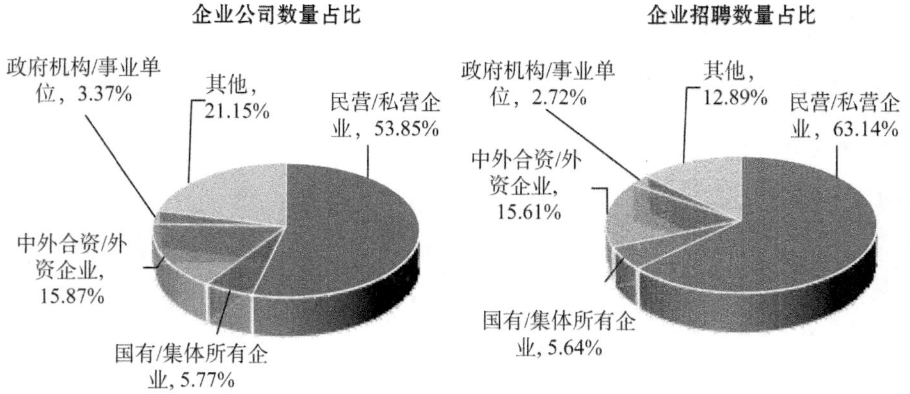

图 2-46　不同类型企业占比及岗位需求示意图

师全部需求的 29.0%。1 000～9 999 人规模的企业共提供了 178 个需求，占机器学习工程师全部需求的 17.93%。100～299 人规模的企业共提供了 151 个需求，占机器学习工程师全部需求的 15.21%。300～999 人规模的企业共提供了 81 个需求、占机器学习工程师全部需求的 8.16%。具体如图 2-47 所示。

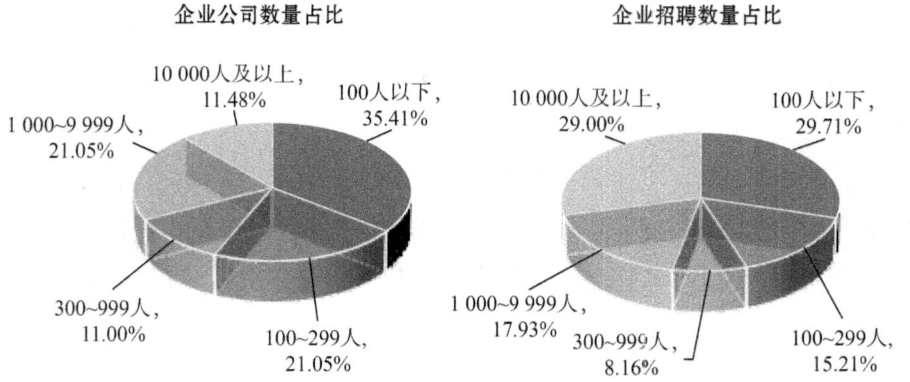

图 2-47　不同规模企业占比及岗位需求示意图

5. 城市分布

经调研，机器学习工程师岗位在全国范围内 27 个省市均有需求，涉及省市数在全部相关岗位中处于中上游水平，岗位需求分布比较广泛。其中，河北省省会石家庄市对机器学习工程师岗位需求量有 3 个、占比 0.3%。本校所在地邢台市，对机器学习工程师岗位需求量有 0 个、占比 0.0%。机器学习工程师岗位在全国各省市需求情况如图 2-48 所示。

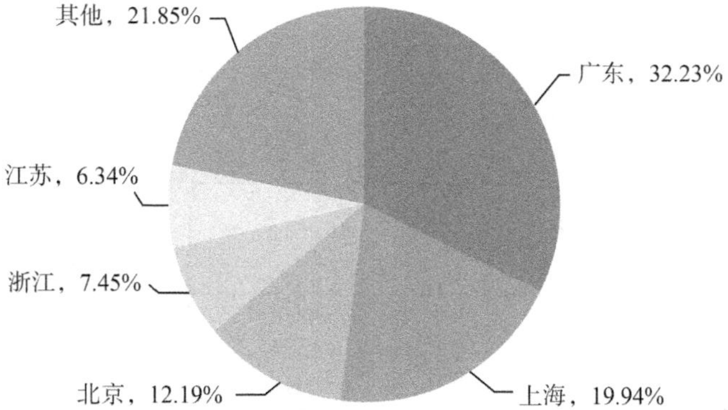

图 2-48　全国各省市对机器学习工程师岗位需求量占比

（七）深度学习工程师岗

1. 薪资水平

经调研，深度学习工程师岗位在全国的平均薪资水平为 14 987 元，在全部本科层次人工智能工程技术专业相关岗位中处于上游水平，具体如图 2-49 所

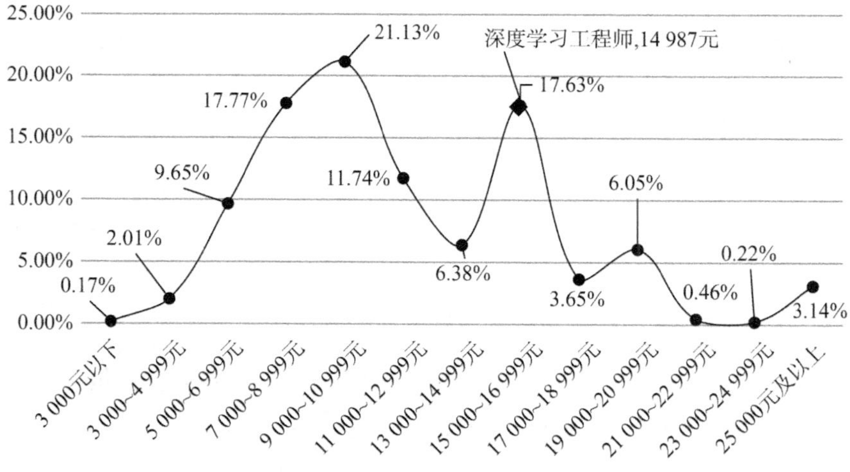

图 2-49　深度学习工程师岗位平均薪资水平相对位置

示。就深度学习工程师岗位本身而言，用人单位提供的薪资最高为 30 000 元，最低为 2 500 元，多数岗位的薪资范围处于 15 000～16 999 元，薪资水平较为稳定，具体如图 2-50 所示。

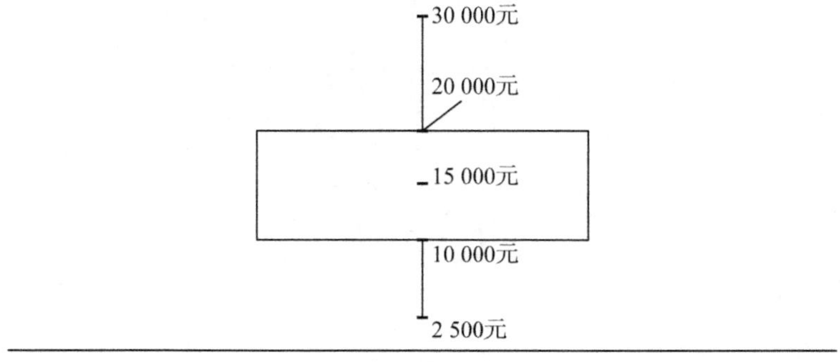

图 2-50　深度学习工程师岗位薪资范围

2. 岗位需求量

经调研，深度学习工程师岗在全国的岗位需求总量为 1 104 个，占全部本科层次人工智能工程技术专业相关岗位的 0.42%，在所有岗位中占比处于中上游水平，具体如图 2-51 所示。

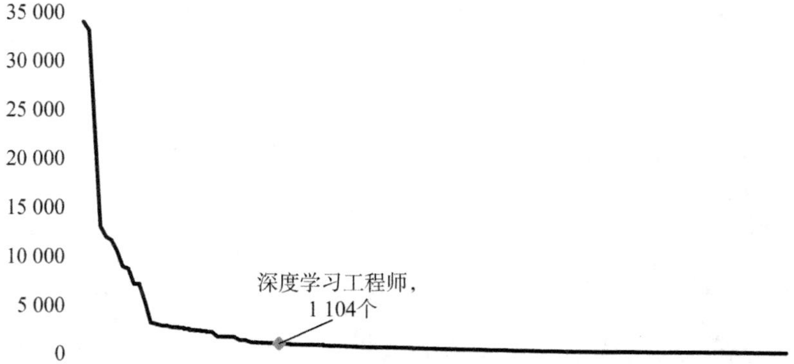

图 2-51　深度学习工程师岗位需求数量相对位置

3. 岗位与专业培养相关性

经调研，深度学习工程师岗位的工作内容与本专业人才培养内容相关程度达到 94.44%，绝大部分工作所需知识/技能/素养能够在在校期间得到充分培养，从事本岗位与专业培养的相关性极高。具体如图 2-52 所示。

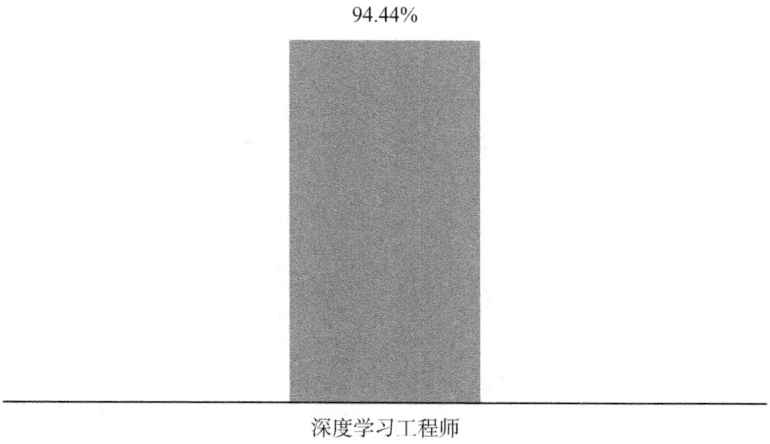

图 2-52　深度学习工程师岗位工作内容与本专业培养相关性

4. 雇主质量

经调研，深度学习工程师岗位在全国共有 250 家用人单位有明确需求，雇主数量在所有岗位中处于中上游水平，岗位需求分布广泛。具体如图 2-53 所示。

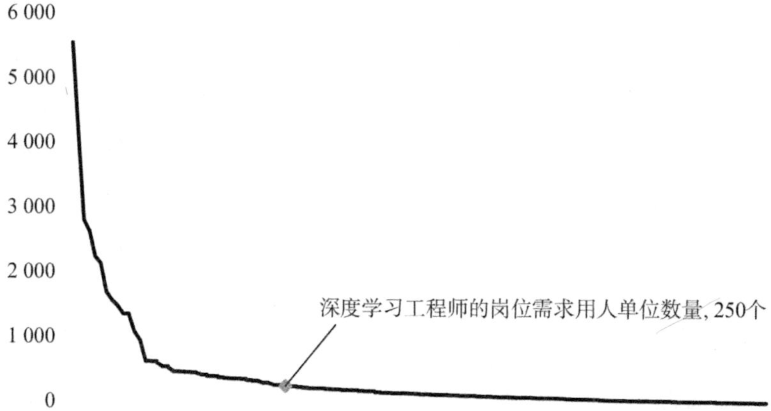

图 2-53　深度学习工程师岗位用人单位数量相对位置

在对深度学习工程师岗位有需求的各类型用人单位中，民营/私营企业占比 63.2%、中外合资/外资企业占比 9.2%、国企占比 7.6%、政府机构/事业单位占比 2.0%、其他非营利性组织占比 0.4%。在不同类型用人单位对深度学习工程师岗位需求数量方面，民营/私营企业共提供了 557 个需求，占深度学习工程师全部需求的 50.45%。中外合资/外资企业共提供了 205 个需求，占深度学习工程师全部需求的 18.57%。国企共提供了 174 个需求，占深度学习工程师全部需求的 15.76%。政府机构/事业单位共提供了 8 个需求，占深度学习工程师全部需求的 0.72%。其他非营利性组织共提供了 5 个需求，占深度学习工程师全部需求的 0.45%。具体如图 2-54 所示。

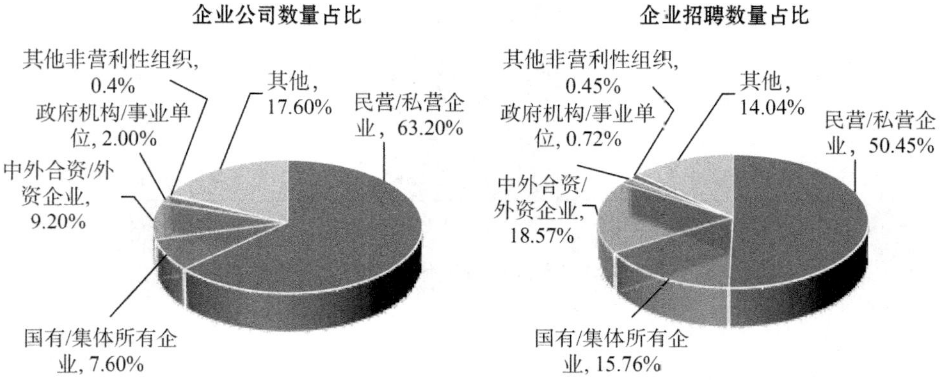

图 2-54　不同类型企业占比及岗位需求示意图

在对深度学习工程师岗位有需求的各类型用人单位中，100 人以下规模的企业有 38.8%，100～299 人规模的企业有 24.8%，1 000～9 999 人规模的企业有 16.8%，300～999 人规模的企业有 14.4%，10 000 人及以上规模的企业有 5.2%。在不同规模用人单位对深度学习工程师岗位需求数量方面，1 000～9 999 人规模的企业共提供了 367 个需求，占深度学习工程师全部需求的 33.24%。100 人以下规模的企业共提供了 340 个需求，占深度学习工程师全部需求的 30.8%。100～299 人规模的企业共提供了 237 个需求，占深度学习工程师全部需求的 21.47%。300～999 人规模的企业共提供了 109 个需求，占深度学习工程师全部需求的 9.87%。10 000 人及以上规模的企业共提供了 51 个需求，占深度学习工程师全部需求的 4.62%。具体如图 2-55 所示。

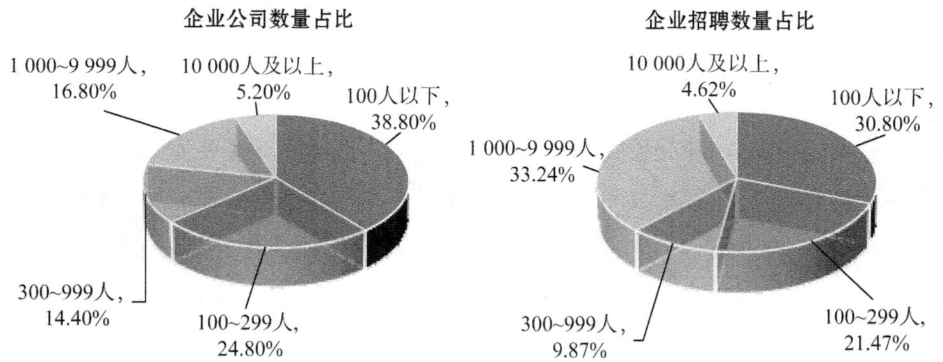

图 2-55 不同规模企业占比及岗位需求示意图

5. 城市分布

经调研，深度学习工程师岗位在全国范围内 22 个省市均有需求，涉及省市数在全部相关岗位中处于中上游水平，岗位需求分布比较广泛。其中，河北省省会石家庄市对深度学习工程师岗位需求量有 3 个、占比 0.27%。本校所在地邢台市，对深度学习工程师岗位需求量有 0 个、占比 0.0%。深度学习工程师岗位在全国各省市需求情况如图 2-56 所示。

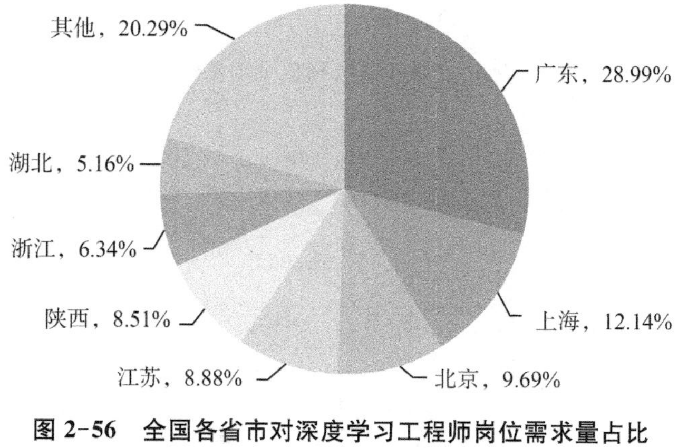

图 2-56 全国各省市对深度学习工程师岗位需求量占比

(八) Android 开发工程师岗

1. 薪资水平

经调研,Android 开发工程师岗位在全国的平均薪资水平为 14 057 元,在全部本科层次人工智能工程技术专业相关岗位中处于上游水平,具体如图 2-57 所示。就 Android 开发工程师岗位本身而言,用人单位提供的薪资最高为 30 000 元,最低为 3 000 元,多数岗位的薪资范围处于 15 000～16 999 元,薪资水平波动较大,具体如图 2-58 所示。

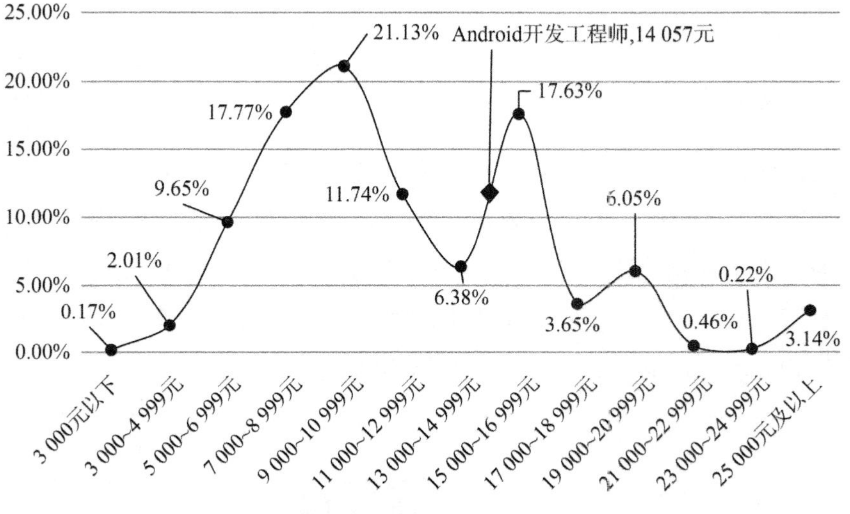

图 2-57　Android 开发工程师岗位平均薪资水平相对位置

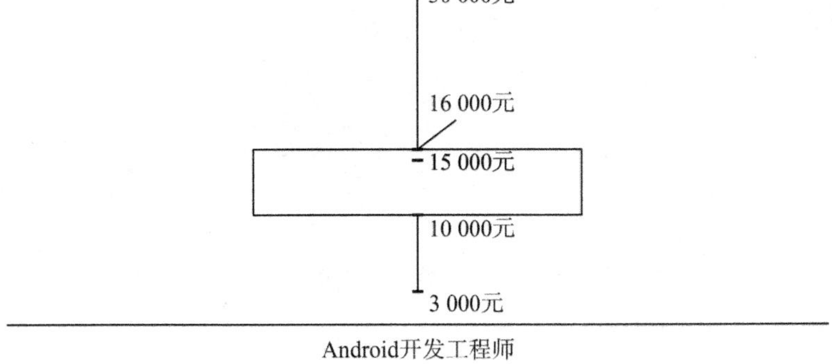

图 2-58　Android 开发工程师岗位薪资范围

2. 岗位需求量

经调研，Android 开发工程师岗在全国的岗位需求总量为 2 742 个，占全部本科层次人工智能工程技术专业相关岗位的 1.05%，在所有岗位中占比处于上游水平，具体如图 2-59 所示。

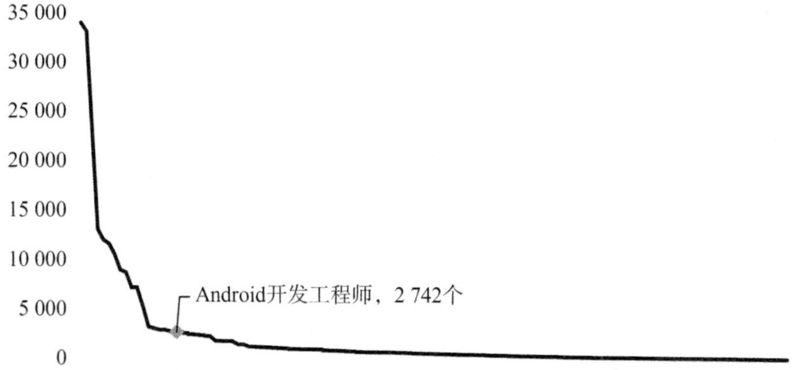

图 2-59 Android 开发工程师岗位需求数量相对位置

3. 岗位与专业培养相关性

经调研，Android 开发工程师岗位的工作内容与本专业人才培养内容相关程度达到 69.44%，部分工作所需知识/技能/素养能够在在校期间得到充分培养，从事本岗位与专业培养的相关性较低。具体如图 2-60 所示。

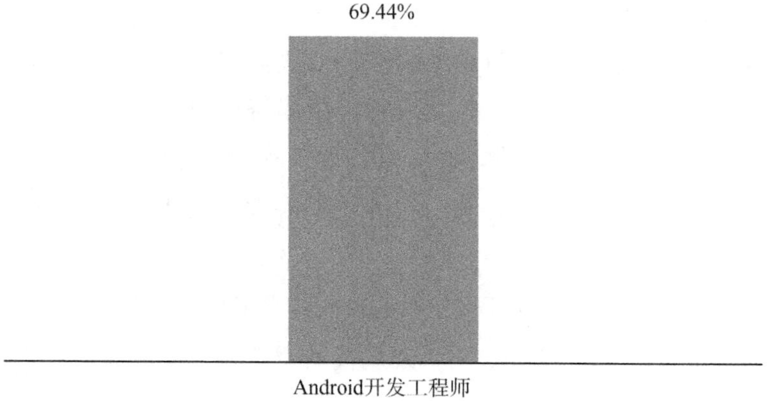

图 2-60 Android 开发工程师岗位工作内容与本专业培养相关性

4. 雇主质量

经调研，Android 开发工程师岗位在全国共有 462 家用人单位有明确需求，雇主数量在所有岗位中处于上游水平，岗位需求分布广泛。具体如图 2-61 所示。

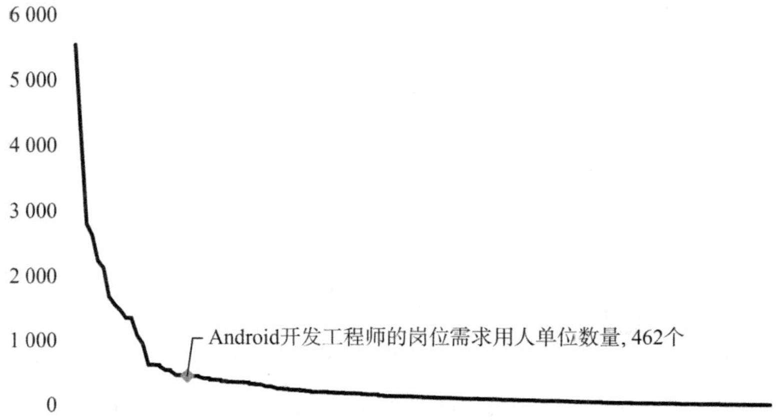

图 2-61　Android 开发工程师岗位用人单位数量相对位置

在对 Android 开发工程师岗位有需求的各类型用人单位中，民营/私营企业占比 61.42%、中外合资/外资企业占比 11.85%、国企占比 4.53%、政府机构/事业单位占比 1.29%、其他非营利性组织占比 0.43%。在不同类型用人单位对 Android 开发工程师岗位需求数量方面，民营/私营企业共提供了 1 626 个需求，占 Android 开发工程师全部需求的 59.3%。中外合资/外资企业共提供了 477 个需求，占 Android 开发工程师全部需求的 17.4%。国企共提供了 82 个需求，占 Android 开发工程师全部需求的 2.99%。政府机构/事业单位共提供了 15 个需求，占 Android 开发工程师全部需求的 0.55%。其他非营利性组织共提供了 6 个需求，占 Android 开发工程师全部需求的 0.22%。具体如图 2-62 所示。

在对 Android 开发工程师岗位有需求的各类型用人单位中，100 人以下规模的企业有 33.48%，1 000～9 999 人规模的企业有 25.32%，100～299 人规模的企业有 22.53%，300～999 人规模的企业有 13.09%，10 000 人及以上规模的企业有 5.58%。在不同规模用人单位对 Android 开发工程师岗位需求数

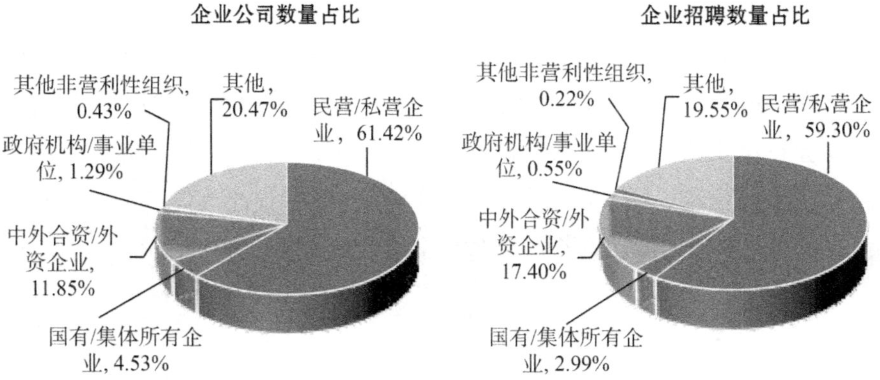

图 2-62　不同类型企业占比及岗位需求示意图

量方面，1 000～9 999 人规模的企业共提供了 1060 个需求，占 Android 开发工程师全部需求的 38.66%。100 人以下规模的企业共提供了 656 个需求，占 Android 开发工程师全部需求的 23.92%。100～299 人规模的企业共提供了 490 个需求，占 Android 开发工程师全部需求的 17.87%。300～999 人规模的企业共提供了 302 个需求，占 Android 开发工程师全部需求的 11.01%。10 000 人及以上规模的企业共提供了 234 个需求，占 Android 开发工程师全部需求的 8.53%。具体如图 2-63 所示。

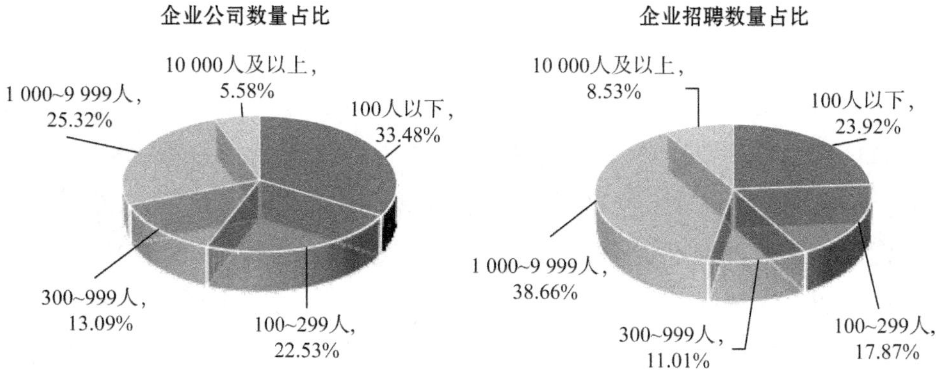

图 2-63　不同规模企业占比及岗位需求示意图

5. 城市分布

经调研，Android 开发工程师岗位在全国范围内 24 个省市均有需求，涉及省市数在全部相关岗位中处于中上游水平，岗位需求分布比较广泛。其中，河北省省会石家庄市对 Android 开发工程师岗位需求量有 2 个、占比 0.07%。本校所在地邢台市，对 Android 开发工程师岗位需求量有 0 个、占比 0.0%。Android 开发工程师岗位在全国各省市需求情况如图 2-64 所示。

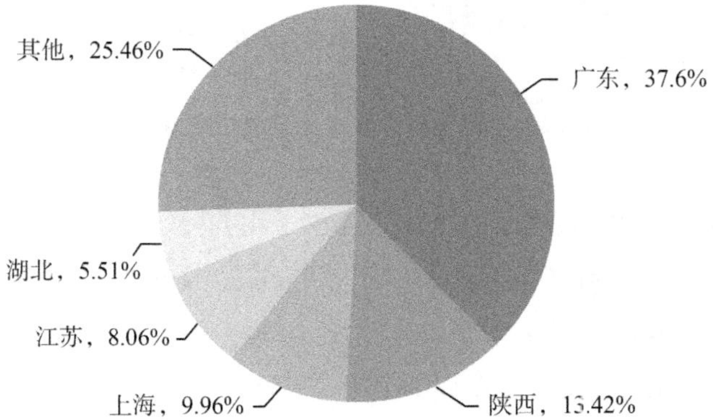

图 2-64　全国各省市对 Android 开发工程师岗位需求量占比

四、调研结论

经对 Android 开发工程师、语音识别工程师、嵌入式软件开发、自然语言处理、图像识别工程师、机器视觉工程师、机器学习工程师、深度学习工程师等 8 个重点岗位在薪资水平、岗位需求量、与专业培养相关性、雇主质量、岗位分布等维度的综合对比，定位出语音识别工程师、嵌入式软件开发、自然语言处理、图像识别工程师、机器视觉工程师、机器学习工程师、深度学习工程师、Android 开发工程师等核心岗位。经专业内部充分讨论与研判，拟将这些岗位作为本次人才培养方案修订的核心培养面向参考。拟面向的核心岗位以薪资水平、就业区域为核心策略，适当兼顾需求数量，并确保面向岗位无明显短板，以此保证专业人才培养面向的综合竞争力，适应学生更高质量、更充分就业的需要。

拟面向的核心岗位在各维度上的指标表现如图 2-65 所示，具体数据如表 2-1 所示。其中，自然语言处理、语音识别工程师岗位在薪资水平上表现出较明显优势，嵌入式软件开发、机器视觉工程师岗位在就业区域上表现出较明显优势，嵌入式软件开发、机器视觉工程师岗位在需求数量上表现出较明显优势。同时，核心岗位在每项指标上均未明显低于平均水平。经综合对比，符合专业确定培养面向的核心策略依据。

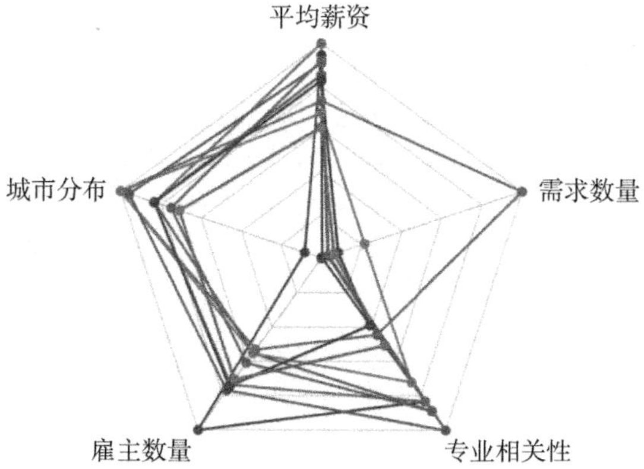

图 2-65 核心岗位指标表现示意图

表 2-1 核心岗位在各维度上的指标值

岗位	平均薪资(元)	需求数量	雇主数量	城市分布	专业相关性
嵌入式软件开发	13 110.51	33 211.00	5 555.00	0.00	0.72
机器学习工程师	14 862.71	993.00	208.00	0.00	1.00
自然语言处理	15 792.54	984.00	301.00	0.01	0.92
机器视觉工程师	12 536.82	7 126.00	1 365.00	0.00	0.86
深度学习工程师	14 987.01	1 104.00	250.00	0.00	0.94
图像识别工程师	14 318.48	1 171.00	458.00	0.01	0.94
语音识别工程师	15 238.10	101.00	18.00	0.01	0.92
Android 开发工程师	14 057.14	2 742.00	462.00	0.00	0.69
平均	11 874.00	2 056.00	378.00	0.01	0.75

五、结果应用

以语音识别工程师、嵌入式软件开发、自然语言处理、图像识别工程师、机器视觉工程师、机器学习工程师、深度学习工程师、Android 开发工程师等核心岗位作为核心参考，专业进一步对从事这些岗位的核心工作能力进行了充分调研和总结，获得以下核心能力，拟作为培养规格的核心参考内容。这些岗位对应的核心工作能力内容如表 2-2 所示。

表 2-2　拟面向的核心岗位所需工作能力

类型	具体内容
知识	(1) 掌握常用的数据结构和算法； (2) 具有扎实的光学基础理论； (3) 熟悉机器学习、深度学习等人工智能领域的相关算法和技术； (4) 熟悉神经网络基本架构和各 Layer 计算方式； (5) 熟悉数据挖掘方法及应用流程； (6) 熟悉通信系统架构、通信原理、组网技术和通信协议、网络管理协议等相关知识； (7) 了解昇腾最新的应用技术； (8) 熟悉 NLP 常见模型的基本原理； (9) 熟悉 Linux 操作系统与常用操作命令
能力	(1) 熟悉单片机/stm32/arm 软硬件设计，熟悉 MCU 的各个外设，熟悉使用 Linux 系统和持续开发/交付工具，熟悉开源库 TensorFlow、PyTorch、Caffe、Keras、Theano、飞桨的使用，具备 SQL 和数据库相关知识，了解 Halcon、VisionPro，熟悉 Seq2Seq、Transformer、Word Embedding、Faiss 等基本原理； (2) 具有较强的代码调试和解决技术问题的能力； (3) 熟悉 ResNet、Faster-RCNN、YOLO 系列、SSD 等常用目标分类、目标检测算法； (4) 熟悉机器视觉系统的 CCD/CMOS 相机的基本原理与应用、光源选型、镜头配置等； (5) 熟悉 Numpy、Pandas 等常用 Python 数据处理框架； (6) 熟悉 JVMDalvikART 虚拟机工作原理； (7) 熟悉 I2C/SPI/UART/PHY 等接口以及外围芯片的驱动调试； (8) 熟练使用 Git、AndroidStudio 开发工具和 Retrofit、RxJava、Glide、OKHttp 等主流开源框架； (9) 熟悉 webrtc、speex、Kaldi/Sphinx/HTK； (10) 掌握至少一种编程语言以及相关的开发工具和框架； (11) 掌握 C/C++/Java/JavaScript/Python 编程语言的一种或多种； (12) 熟悉 uCOS、FreeRTOS、Linux 等嵌入式操作系统的软件开发

续表

类型	具体内容
素养	(1) 良好的学习能力、团队合作能力和沟通能力； (2) 良好的团队协作和文档撰写能力； (3) 较强的责任心与执行力； (4) 良好的抗压能力； (5) 具备团队合作意识和创新意识

第三章

人工智能本科层次职业教育专业设置论证

为深入贯彻落实《国家职业教育改革实施方案》精神，全面适应国家、区域经济社会发展和传统产业转型升级对人工智能高素质创新型技术技能人才的需求，根据学校发展规划，结合专业建设和发展的实际，在深入区域面向人工智能行业调研基础上，依托现有人工智能技术应用专科专业，申请设置本科人工智能工程技术专业，现将论证结果和基本情况综合报告如下。

一、设置职业本科人工智能工程技术专业的必要性

1. 人工智能作为新一轮科技革命和产业变革的引擎，行业高速发展

(1) 国家的战略布局和政策出台，推动人工智能产业高速发展

“人工智能+”时代已经来临，根据全球人工智能市场研究报告，2021 年全球人工智能软件市场规模达到 370 亿美金，预计到 2027 年全球人工智能软件市场规模将增长到 1 423 亿美金。中国也将成为全球第二大人工智能软件市场。由于人工智能行业的巨大市场机会和发展潜力，我国高度重视并积极支持人工智能产业的发展。

党的十八大以来，以习近平同志为核心的党中央把发展人工智能提升到了战略高度，习近平总书记围绕加快发展人工智能、推动高质量发展发表了一系列重要论述，强调“我国经济已由高速增长阶段转向高质量发展阶段，正处在转变发展方式、优化经济结构、转换增长动力的攻关期，迫切需要新一代人工智能等重大创新添薪续力”，“发展人工智能，将为我国构建现代化经济体系、实现高质量发展提供重要支撑”。习近平总书记关于人工智能的重要论述，为我国发展人工智能提供了行动指南和根本遵循。

2024 年政府工作报告提出：“深化大数据、人工智能等研发应用，开展‘人工智能+’行动，打造具有国际竞争力的数字产业集群。”“人工智能”赋能政策被写入政府工作报告。人工智能是第四次工业革命的核心引擎，决定国家未来全球竞争力和国际地位。加快人工智能技术的发展和应用不仅有利于我国在这一轮人工智能技术竞赛中掌握主动权，更是我国在本轮产业革命中积累竞争优势的战略抓手。智能制造 2035 年远景目标：2025 年到

2035 年，新一代智能制造在制造业实现大规模推广应用，实现中国制造业智能升级。到 2035 年，制造业企业全面普及数字化网络化，重点行业骨干企业基本实现智能化。

近几年我国人工智能技术及产业发展方面的相关政策分析详见图 3-1。

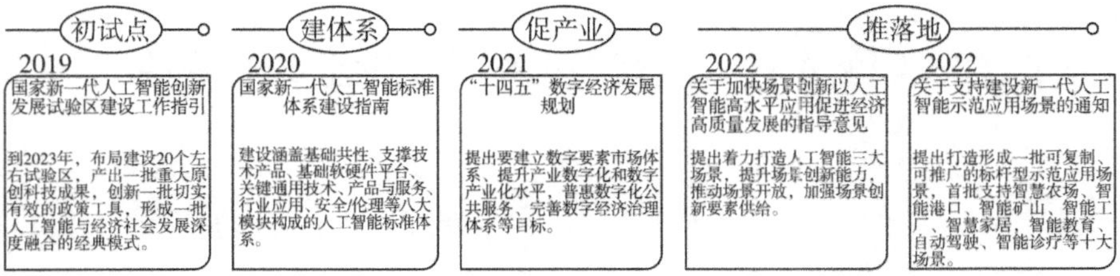

图 3-1　近年人工智能技术及产业发展相关政策分析

随着人工智能技术的快速发展，以及在国家出台一系列政策和大力推举下，我国人工智能产业规模迅速扩大，技术水平显著提高，已初步构建比较全面的人工智能产业支撑体系。依据艾瑞咨询研究院测算，2023 年我国人工智能产业规模达到 2 137 亿元，2028 年，中国人工智能产业规模将达到 8 110 亿元，保持快速发展态势。

（2）河北省大力推动人工智能产业发展和传统制造业智能化升级

2023 年 1 月河北省人民政府办公厅印发《加快建设数字河北行动方案（2023—2027 年）》提出，加快人工智能基础设施建设，推进雄安城市计算中心、雄安（衡水）先进超算中心、廊坊人工智能计算中心等重点项目建设。依托骨干高校和人工智能优势企业，建设人工智能基础技术开发平台、应用性支撑平台和创新创业服务平台，并纳入全国人工智能算力战略体系，推动人工智能产业生态发展和场景创新。2024 年 5 月，河北省人民政府办公厅印发《关于进一步优化算力布局推动人工智能产业创新发展的意见》提出，在智能制造、医疗健康等优势领域孵化一批行业应用大模型，培育典型应用场景。同时，河北省还积极发展人工智能装备制造等上下游产业，不断延伸产业链条。

河北省作为制造业大省，近几年积极推进新旧动能转换，加快传统产业改造升级，推动制造业向高端化、智能化、绿色化发展。人工智能技术贯穿设计、生产、管理、服务等制造活动各个环节，具有信息深度自感知、智慧优化自决策、精准控制自执行等功能。通过与机器人、自动化设备和智能传感器等技术相融合，应用于生产制造过程中，实现智能控制、生产设备的智能化和柔性化；与数控加工中心、自动导向车（AGV）以及自动检测系统可组成柔性生产系统和计算机集成制造系统，实现生产自动化；利用图像处理和分析技术来识别和检测产品表面的缺陷，使机器能够自动学习并识别复杂特征，提高缺陷检测的准确率。

在河北省大力促进制造业智能化转型的背景下，邢台市积极推进供给侧结构性改革，推动京津冀协同发展。依据邢台市人民政府《关于支持制造业重点产业链高质量发展的实施意见》分析，重点产业链涉及电子信息、智能制造装备、智能电网及输配电装备等 25 个产业链，其中体现智能化发展目标涉及 15 个产业链，2025 年预计产业规模 3 498 亿元，占比 61.56%。当前邢台市支柱产业以钢铁、煤炭、水泥、玻璃等原材料产业为主，人工智能能够为传统产业升级改造提供强大技术支撑，提升生产效率、降低成本、提高产品质量，同时还能带动相关产业发展，为邢台市经济发展注入新活力。

2. 河北省主导产业发展亟须人工智能专业人才提质升级

(1) 河北省主导产业发展需要人工智能技术应用的复合型技术技能人才

在《河北省制造业高质量发展“十四五”规划》中提出，将人工智能相关产业作为培育壮大的战略性新兴产业范畴，坚持智能化等主攻方向，推动新一代信息技术产业加快发展。到 2025 年，人工智能等新一代信息技术和制造业深度融合取得明显成效，工业企业关键业务环节全面数字化的比例达到 50%。这一目标的设定明确了人工智能在河北省制造业未来发展中的重要地位和作用，也为人工智能技术在制造业中的应用提供了明确的方向和目标。

基于如上目标，河北科技工程职业技术大学人工智能专业就河北省重点产业集群对人工智能工程人才的需求进行了详细调研和分析，其结果详见表 3-1。

表 3-1　河北省重点产业集群对人工智能工程人才需求分析

产业集群	技术创新、成果转化、技术服务需求	人工智能工程技术人才需求
雄安新区软件和信息服务产业集群	技术创新：创新数据处理和分析技术，以应对海量数据的快速增长，挖掘数据的潜在价值，为企业和政府提供精准的信息服务和决策支持。 成果转化：促进信息服务相关的创新成果在城市管理、公共服务等领域的转化应用，提升城市的智能化水平和运行效率。 技术服务：专业的技术咨询服务，帮助企业和政府在软件和信息服务项目的规划、实施和管理方面做出科学决策	具备人工智能与软件和信息服务融合能力的复合型人才备受青睐，能够将人工智能技术与软件开发、信息服务相结合，推动产业的创新发展
石家庄新一代电子信息产业集群	技术创新：创新需求集中在开发具有自主知识产权的软件产品，提升软件的功能和性能，满足不同行业的应用需求。 成果转化：推动智慧医疗电子、智慧消防电子等领域的创新成果在相关行业的应用，提高行业的智能化水平和安全性。 技术服务：需要技术测试和验证服务，确保信息技术产品的质量和可靠性	具备将人工智能技术与电子信息系统集成的能力，开发智能电子信息产品和系统。 紧跟人工智能领域的前沿技术发展趋势，探索将这些前沿技术应用到电子信息产业中，为产业发展提供创新思路和技术支持
邢台市新能源产业集群	技术创新：在储能电池技术方面，加大对高性能电池材料、长寿命电池设计、电池管理系统等关键技术的创新研发。 成果转化：推动智能储能技术在新能源产业中的应用，提高新能源的利用效率和稳定性。 技术服务：需要针对新能源的智能技术咨询服务，为企业在新能源项目的规划、建设和运营方面提供专业的智能技术建议和解决方案	运用人工智能技术对新能源产品的生产工艺进行优化，将人工智能技术与工业自动化设备相结合，提高生产效率和产品质量

另外，通过实地调研河北省重点培育的多个与人工智能相关的产业集群，采集其在技术创新、成果转化以及技术服务中对人工智能技术的需求，发现其对人工智能技术应用的复合型技术技能人才有迫切的需求。

这主要体现在以下几个方面。

①人工智能产业落地催生对人工智能工程类本科人才的需求。随着人工智能算法的日渐成熟，企业更需要将人工智能产品化，创造更多实际价值。而人工智能工程技术人员就是从事将人工智能算法应用在产品开发中的专门人才，不仅掌握扎实的人工智能专业理论知识，还能将人工智能与产业相结合，在智能汽车、智能家居、智慧教育等领域，通过智能化的处理和人机交互，为用户提供更加便捷、高效和个性化的服务，并推动人工智能产业的创新和发展。

②传统产业升级期待人工智能工程人才的加入。企业通过引入智能机器

人和自动化设备，利用人工智能进行生产过程的实时监测和预测性维护，可以大大提高生产效率，减少人工操作可能带来的误差和疲劳。人工智能工程人员能够助力传统企业从人工智能的视角切入，进而推动传统企业实现产业升级。

③信创产业推广需要人工智能工程人才的创新技能。在复杂国际形势下，信创产业作为信息技术应用创新的重要领域，正逐渐成为推动国家经济发展和提升国际竞争力的关键力量。在这个过程中，人工智能工程人才的创新技能发挥着至关重要的作用。其深厚的专业知识和创新思维，能够将人工智能技术与信创产业的实际需求相结合，为信创产业带来全新的技术突破和发展机遇。

④人才培养提质升级的迫切需要。契合产业转型升级、一线技术技能人才质量需求层次上移的实际，迫切需要职业教育人才培养提质升级。在社会普遍重视学历层次的大背景下，专科人才难免受到就业歧视，将职业教育延伸到本科层次，能够吸引优秀的学生接受职业教育、为培养高素质技术技能人才提供储备。同时，目前河北省开设人工智能工程技术本科专业的学校较少，无法满足专业学生继续接受学历教育和提升技术技能水平的需求。

（2）河北省人工智能企业需要人工智能创新与服务技术技能人才

①人工智能产业链企业就业领域分析

如图 3-2 所示，人工智能产品拥有漫长且极为复杂的产业链，正因如此，对多元、多层次的复合人才有着极为迫切的需求。在产业链上游，企业亟须能够提供智能传感器和边缘计算的人才，以完成硬件基础的设计与开发工作，例如镭神智能、地平线等企业的硬件系统开发岗位。在产业链中游，企业需要擅长人工智能模型开发和运维的人才，来完成智能平台的设计、开发以及运维工作，如商汤、百度、科大讯飞等企业的人工智能算法开发岗位。而在产业链下游，企业则需要能将智能技术应用于制造业、政府、金融、教育等行业的人才，比如比亚迪、TCL 等企业的人工智能工程师岗位。

②人工智能相关企业人才需求调研

据《2023 年河北省电子信息产业人才白皮书》数据显示，河北省人工智能产业对人才层次要求多样化，但本科学历占比最高，详细情况见图 3-3。

通过对包括河北省人工智能产业代表企业如科大讯飞河北科技有限公司、河北三川科技有限公司等在内的多家企业实地考察，对招聘适合本科专业岗位

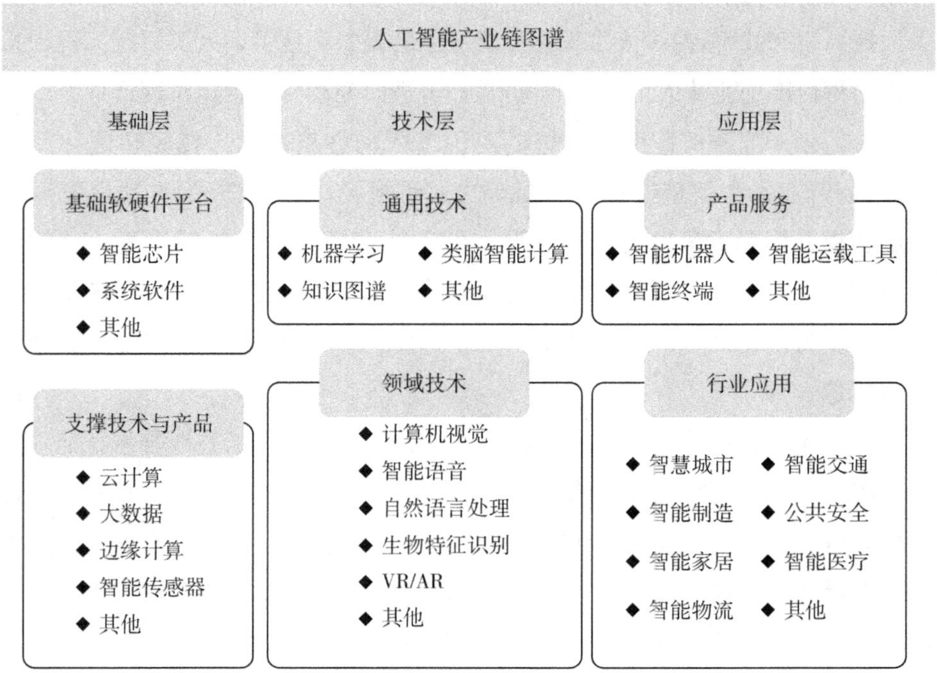

图 3-2 人工智能产业链图谱

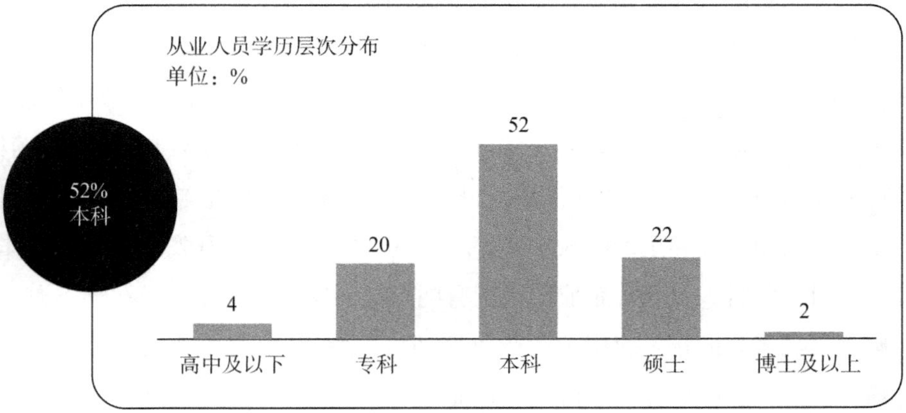

图 3-3 河北省人工智能产业从业人员学历层次要求及分布

进行了充分调研，发现从传统的制造业到新兴的互联网科技领域，都在积极寻求具备人工智能创新与服务技术技能人才。部分企业调研情况见表 3-2。

表 3-2　河北省人工智能产业代表企业调研情况

企业名称	本科生岗位	岗位能力需求
科大讯飞河北科技有限公司	人工智能应用开发	1. 支撑传统机器学习相关人工智能能力建设； 2. 支撑项目中定制化模型需求； 3. 具有良好的沟通能力、学习能力、创新能力和团队协作精神，能够承担工作压力和挑战； 4. 有深度学习相关知识和经验者优先
河北三川科技有限公司	智能硬件开发	1. 负责领域特性软件研究与开发工作； 2. 负责在研发项目中，不断开展核心软件的创新发明工作； 3. 负责不断优化软件性能，使之能够支撑完成日益复杂的领域任务； 4. 负责根据领域设备的特定任务要求，完成针对性研发工作； 5. 配合完成应用软件与工具链的研发工作
河北航天信息技术有限公司	人工智能应用开发	1. 负责机器人视觉应用技术的开发和验证； 2. 负责焊缝识别、跟踪产品的图像识别与检测算法等设计与实现
河北科瑞达仪器科技股份有限公司	智能硬件开发	1. 基于单片机、ARM 硬件平台的嵌入软件设计，相关固件、嵌入式通讯协议开发，设备接口驱动程序和嵌入式应用程序开发； 2. 负责代码的单元测试和整机测试，配合硬件工程师及测试工程师进行调测、故障定位及问题修复； 3. 参与编写概要设计、详细设计等文档； 4. 追踪技术发展，为新产品开发提出合理建议； 5. 其他日常管理中要求的工作
河北重优科技股份有限公司	智能硬件开发	1. 负责嵌入式架构的方案制定与软件功能开发； 2. 负责 BSP 驱动开发工作； 3. 软件开发及使用过程中问题的分析与解决； 4. 完成相关应用需求的功能开发工作
河北上元智能科技股份有限公司	智能硬件开发	1. Linux 系统开发，对接平台（OCPP 协议）； 2. 负责公司新产品的软件开发； 3. 负责完成开发产品的软件代码编写； 4. 负责编写行业推广应用及入库公司平台的 DEMO； 5. 协助客户进行相关应用的开发及支持； 6. 负责完成新产品开发的软件成熟度及验证相关入库文件资料

3. 河北省人工智能产业发展亟须智能化高端化岗位人才

（1）人工智能应用开发岗位亟须人工智能应用实施人才

在岗位调研中，了解到人工智能应用开发岗位主要是将人工智能技术与各行业深度融合，优化生产流程，提高资源利用效率与产品质量，亟须能将人工智能技术有效实施的专业人才。如在钢铁生产中，能够运用人工智能算法精准控制炼钢温度、压力等参数，降低能耗与废品率。在新兴的医药健康领域，通过构建智能诊断模型，辅助医生快速准确地分析病情，推动远程医疗与精准医疗的发展。在农业方面，利用人工智能进行作物生长监测与病虫害预警，智能调控灌溉与施肥，实现农业的智能化与精细化管理。在制造业中，开发智能仓储物流系统与自动化生产线，提高生产与配送效率。

这就需要不仅要精通人工智能知识，还要具备出色的编程与系统开发能力，能在复杂的行业环境中部署人工智能应用，并根据实际运行数据持续优化，甚至熟悉河北省各行业的产业特性、业务逻辑与痛点，打破技术与产业间的壁垒，加速人工智能在河北省各行业的落地生根，有力推动产业升级转型。

（2）智能硬件开发岗位亟须人工智能软硬结合集成测试人才

在岗位调研中了解到，随着智能硬件产品的功能复杂性和智能化程度不断提升，智能硬件开发岗位对人工智能软硬结合集成测试人才的需求极为迫切。例如河北省制造业向智能化转型进程中，各类智能机床、智能检测设备升级需要验证设备中的运动控制硬件与智能故障诊断、生产优化等人工智能软件系统之间的无缝对接，确保设备在长时间高强度运行下的可靠性与精准性，提高工业生产效率与产品质量。这就要求有专业的人工智能软硬结合集成测试人才来确保产品质量与性能，对智能硬件中的芯片、传感器等硬件组件与语音识别、图像分析等人工智能软件算法进行精细测试与优化整合。河北省智能硬件企业想要在激烈的市场竞争中不断推出高质量、高性能的智能产品，就需要人工智能软硬结合集成测试人才。

（3）鸿蒙应用开发岗位亟须人工智能创新方案设计人才

在岗位调研中，河北省未来产业方向之一的“鸿蒙欧拉产业生态”在各行业呈现出巨大的应用潜力。鸿蒙应用开发岗位亟须能够提供人工智能创新方案的技术人才，利用先进的人工智能技术，深入复杂应用场景中。无论是工业制造领域的自动化生产线、医疗行业的智能诊疗系统、交通领域的智能调度平台，还是金融行业的安全交易系统等，都需要专业人才将鸿蒙欧拉系统与现有的硬件设备、软件系统进行创新性的集成和适配。

4. 职业本科人工智能工程技术专业培养定位

(1) 职业本科、普通本科、高职专科人工智能专业培养方向的差异

人工智能高职专科定位是培养学生的实践操作能力和对人工智能技术的初步应用能力，以快速适应人工智能相关岗位的基础工作需求。

人工智能普通本科定位是培养学生具备运用先进技术进行算法设计、模型开发的能力，侧重人工智能算法设计与优化研究。

职业本科人工智能工程技术专业定位是培养学生能够在人工智能相关领域进行较为复杂的技术应用、开发和管理工作，不仅要掌握人工智能技术应用专业知识，还需具备较强的技术技能和创新能力。

区别于高职专科仅仅具备对人工智能技术的初步应用能力，而普通本科侧重于算法研究探索，职业本科学生能够进行较为复杂的人工智能技术应用，深入产业一线，将人工智能技术应用于像搭建智能安防系统、改进工业自动化流程或者调试智能医疗设备等这类实际项目。让人工智能在各个行业落地生根，将学生培养成为推动行业发展的实干型人才，为企业提供智能化方案，通过降本增效直接创造经济价值。

(2) 河北省人工智能产业亟须将人工智能技术应用在工程实际的职业本科技术技能人才

河北省正处于产业结构深度调整与升级的关键阶段，人工智能产业作为推动各领域变革的核心力量，亟待大量能够将人工智能技术切实应用于工程实际的职业本科技术技能人才。在制造业领域，借助人工智能实现智能化转型，将机器视觉技术精准融入生产流水线的质量检测环节，高效甄别产品瑕疵，提升产品品质稳定性。利用智能算法优化生产调度系统，合理安排设备运行与物料配送，大幅提高生产效率。

职业本科技术技能人才因兼具理论知识与实践动手能力，能更好地理解企业实际需求与工程现场状况。在人工智能技术与工程应用的对接过程中，快速

解决诸如软硬件适配、数据安全保障等实际问题，确保人工智能项目顺利落地实施并持续优化，为河北省人工智能产业的茁壮成长注入源源不断的活力，推动河北省在全国人工智能产业布局中占据一席之地，促进全省经济高质量、可持续发展。

但目前河北省仅有河北工业职业技术大学、河北石油职业技术大学两所学校开设此专业，人才供给严重不足。因此，河北科工大申请开设本科层次人工智能工程技术专业成为迫切需要。

二、设置人工智能工程技术专业的可行性

1. 办学基础良好，经验丰富

河北科工大自2001年到2010年与石家庄铁道大学联办工程教育本科实验班，自2011年开始与河北科技大学联合承接应用型本科工程教育试点工作，具有二十年的联办本科历史，在本科人才培养方案设置、本科教学实施、本科教学管理、本科师资团队建设等方面积累了丰富的经验，培养了大批应用型高素质人才。

2021年，教育部正式批准河北科工大与华北电力大学科技学院合并转设为河北科技工程职业技术大学，开启了职业教育本科专业培养的新时代。河北科工大因地制宜，聚焦区域重点产业发展，依据产业需求设置专业。校企共建13个产教融合实训基地、5个产业学院和1个现代学徒制学院，成立4个职教集团（职教联盟）。同时，建成19个省级科研创新平台、11个市级平台，组建人工智能系统等18个科研创新团队，致力于培养高端产业和产业高端急需的高素质技术技能本科人才。

坚持不懈的锐意进取和长期的经验积累，为办好人工智能工程技术专业职业教育本科奠定了坚实而良好的基础。

2. 专科基础扎实，成绩斐然

依托河北省创新发展行动计划（2019—2021年）网络技术骨干专业群中的“人工智能技术应用”，申报专业满足《本科层次职业教育专业设置管理办法（试

行)》的设置条件与要求。

依托专业建设“省—市—校”三级科研平台，包括三个省级科研平台、1个市级创新中心科研平台，4个校级“守敬创新”工作室；师资力量强大，建有省级职业教育教师教学创新团队，拥有博士3名，高级职称以上10名；立体式教学资源丰富，立项有河北省大数据与人工智能专业教学资源库；校内外实训基地条件优越，获得“河北省高技能人才培训基地”“河北省专业技术人员继续教育基地”等高水平实践基地称号，与泰国联合建立海外实习基地、语言与技术中心，举办泰国高校师资培训，连续多年招收泰国、喀麦隆学历教育留学生。这为探索人工智能工程技术专业职业本科教育积累了丰富的职业教育办学经验，为培养人工智能高层级技术技能人才提供坚实保障。

3. 师资结构合理，能力突出

专业专任教师15人，在校专科生为217人，专业师生比为1∶14.5。其中教授3人，副教授7人，高级职称占比为66.7%；具有博士学位的教师3人，占比为20%，其余均具备硕士学位；有12人为“双师型”教师，“双师型”教师占比为80%。专业师生人数比达标、职称学历结构合理，具体如表3-3、表3-4所示。

表3-3 专任教师情况汇总表

分类情况	数量	比例
专任教师总数	15	100%
“双师型”教师数量及比例	12	80%
具有副教授以上职称教师数量及比例	10	66.7%
具有博士学位教师数量及比例	3	20%
具有硕士学位教师数量及比例	15	100%

表 3-4　专任教师及任课程情况一览表

序号	姓名	拟授课程	专业技术职务	最后学历毕业学校	最后学历毕业专业	最后学历毕业学位	研究领域	专职/兼职
1	×××	数据库原理与应用、Python 程序设计基础	教授	河北工业大学	电机与电气自动化	研究生/硕士	人工智能系统	专职
2	×××	C语言程序设计、数据结构	教授	中国科学院大学	光学	研究生/硕士	人工智能算法	专职
3	×××	形势与政策、信息技术基础	教授	河北师范大学	马克思主义理论	研究生/硕士	马克思主义	专职
4	×××	ArtTS 程序设计、鸿蒙应用程序开发	副教授	北京邮电大学	计算机科学与技术	研究生/博士	智能软件	专职
5	×××	开源硬件开发、实时操作系统	副教授	河北工业大学	计算机科学与技术	本科/硕士	智能硬件	专职
6	×××	计算机组成原理、计算机网络	副教授	菲律宾永恒大学	教育管理	研究生/博士	教育管理	专职
7	×××	机器学习、深度学习	副教授	北京工业大学	计算机应用技术	研究生/硕士	人工智能算法	专职
8	×××	数据采集与可视化、语音识别与自然语言处理	副教授	燕山大学	计算机应用技术	研究生/硕士	人工智能算法	专职
9	×××	微控制器开发（龙芯）、开源硬件开发	副教授	河北工业大学	计算机应用技术	本科/硕士	智能硬件	专职

续表

序号	姓名	拟授课程	专业技术职务	最后学历毕业学校	最后学历毕业专业	最后学历毕业学位	研究领域	专职/兼职
10	×××	鸿蒙智能系统测试运维、鸿蒙大模型应用开发	副教授	河北工业大学	计算机科学与技术	工学硕士	鸿蒙系统开发	专职
11	×××	语音识别与自然语言处理、鸿蒙智能软件架构设计	讲师	杭州电子科技大学	机械电子工程	研究生/硕士	智能软件开发	专职
12	×××	鸿蒙应用程序开发、嵌入式界面交互开发	讲师	中国矿业大学	摄影测量与遥感	研究生/博士	鸿蒙系统开发	专职
13	×××	数字图像处理、机器视觉应用开发	讲师	河北农业大学	计算机技术	研究生/硕士	图像识别算法	专职
14	×××	电子电路基础、PCB设计技术	讲师	天津大学	控制工程	研究生/硕士	嵌入式系统	专职
15	×××	图像检测与识别、自然语言处理	讲师	北京邮电大学	计算机科学与技术	研究生/硕士	鸿蒙系统开发	专职

通过与企业建立紧密的合作关系，学校构建了一个由7名企业资深高级工程师和技术专家构成的兼职教师团队，其成员比例与专职教师达到1∶2.1，兼职教师详细介绍及任课情况详见表3-5。这支兼职教师团队与专业教师紧密融合，形成了一支混合编制的教学力量，共同投身于专业建设、课程教学规划、实训操作指导以及全面的人才培养工作之中。他们主要负责人工智能工程技术专业的人工智能跨领域课程以及与企业实际紧密相关的实训项目和实践课程。尤为值得一提的是，兼职教师在承担的专业课教学任务中，其授课课时占比超过了对应专业课总课时的21%，显著提升了教学的实践性和行业对接度。

4. 教科研成果多，水平显著

专业教师团队建设有省级职业教育教师教学创新团队，获得河北省教学成果奖2项，河北省教师教学能力大赛一等奖3项；1人获得河北省“三三三人才”称号，1人获得“河北省技术能手”称号，5人获得“河北省电子信息行业技术能手”；出版规划教材4部、工学结合教材7部；建设有省级在线精品课程7门；参建国家精品资源共享课1门；获河北省在线精品课程奖3项、全国高校微课教学比赛三等奖1项、河北省高校微课教学比赛一等奖1项、河北省教育教学信息化大赛二等奖1项、三等奖1项。获得电子信息职业技能大赛个人一等奖5项。

指导学生获得全国职业院校技能大赛二等奖2项、三等奖2项；获得全国互联网＋创新创业大赛铜奖1项；获得“蓝桥杯”全国软件和信息技术专业人才大赛全国总决赛二等奖2项、三等奖3项；获得河北省职业院校技能大赛一等奖5项。

教师团队具有较强的科研实践能力，主持完成的科研成果获得国家领导人的肯定性批示，获省科技进步三等奖1项、市科技进步奖7项，完成省级科研课题10项；3人取得华为HCIE，4人取得红帽RHCA等行业顶级证书；发表SCI和EI源刊科研论文16篇、中文核心期刊科研论文8篇；获得发明专利2项，实用新型专利18余项，软著31余项，完成十余项教师科研成果转化，到款额近35万元。

表 3-5 兼职教师及任课程情况一览表

序号	姓名	拟授课程	专业技术职务	最后学历毕业学校	最后学历毕业专业	最后学历毕业学位	研究领域	专职/兼职
1	×××	工业机器人技术	高级工程师	北京邮电大学	通信工程	本科/硕士	智能算法研究	兼职
2	×××	实时操作系统移植、智能硬件产品设计	高级工程师	浙江理工大学	通信工程	本科/硕士	智能应用开发	兼职
3	×××	工业智能软件开发、工业大模型	工程师	中国人民大学	大数据	研究生/硕士	智能算法研究	兼职
4	×××	工业机器视觉、工业机器人技术	讲师	五邑大学	计算机应用技术	研究生/硕士	智能硬件开发	兼职
5	×××	智能硬件产品测试运维	讲师	广西师范大学	计算机软件与理论	研究生/硕士	智能应用开发	兼职
6	×××	软件工程、嵌入式人工智能部署、硬件系统智能部署	讲师	哈尔滨师范大学	计算机科学与技术	本科/硕士	智能应用开发	兼职
7	×××	微处理器开发、嵌入式操作系统移植	高级工程师	北京航空航天大学	软件工程	本科/硕士	智能硬件开发	兼职

我们已构建了一支以中青年教师为核心、结构优化、充满发展潜力的专业师资队伍，为培养高质量人才和推动行业进步奠定了坚实基础。

学校人工智能专业教师近几年获得的省级以上荣誉、参加的省级以上教学比赛、获得的国家级和省级教学成果奖、发表的高水平论文、所授权的发明专利、在相关产业领域的主要兼职职务、教师团队获得的主要荣誉详见表 3-6 至表 3-12。

表 3-6　省级以上教师荣誉

序号	姓名	荣誉称号
1	徐建平	河北省“三三三人才工程”人才
2	孙永道	河北省技术能手
3	孙永道	河北省电子信息行业技术能手
4	刘　霞	河北省电子信息行业技术能手
5	张小志	河北省电子信息行业技术能手
6	张　静	河北省电子信息行业技术能手
7	李洪燕	河北省电子信息行业技术能手

表 3-7　省级以上教师教学相关比赛

序号	姓名	荣誉称号
1	刘　霞	河北省教师教学能力大赛一等奖（2018 年）、一等奖（2022 年）
2	高娟娟	河北省教师教学能力大赛一等奖（2018 年）、一等奖（2022 年）、二等奖（2023 年）

表 3-8　国家级、省级教学成果奖

序号	姓名	荣誉称号	级别
1	张小志	“两途、三阶、四融、五元”新一代信息技术专业群人才培养模式创新与实践	省级二等奖
2	孙永道	突出综合职业能力培养的实用性高职工学结合课程开发研究与实践	省级二等奖

表 3-9　高水平论文一览表

序号	名称	著作与论文分类	出版社或杂志社	出版年份	作者
1	On balancing neighborhood and global replacement strategies in MOEA/D	自然科学与技术 SCI 期刊	IEEE ACCESS	2019	陈晓纪
2	A multiobjective evolutionary algorithm based on surrogate individual selection mechanism	自然科学与技术 SCI 期刊	Personal and Ubiquitous Computing	2019	陈晓纪
3	Cross-Linguistic similarity evaluation techniques based on deep learning	自然科学与技术 EI 期刊	Advances in Multimedia	2022	李军、张静、钱孟杰
4	Hybrid neighborhood and global replacement strategies for multiobjective evolutionary algorithm based on decomposition	自然科学与技术 EI 期刊	Evolutionary Intelligence	2021	陈晓纪
5	Multiobjective parameters optimization of extreme learning machine based on MOEA/D	自然科学与技术 EI 期刊	ICAICA	2021	陈晓纪
6	An offspring generation strategy for MOEA/D	自然科学与技术 EI 期刊	ICCASIT	2019	陈晓纪
7	A hybrid replacement strategy for MOEA/D	自然科学与技术 EI 期刊	Bio-inspired Computing: Theories and Applications	2018	陈晓纪
8	Research on the application of stable attitude algorithm based on data fusion of multi-dimensional MEMS inertial sensors	自然科学与技术 EI 期刊	Scientific Bulletin	2017	刘霞、乔丽平
9	Research on data exchange technology based on the railway signal test	自然科学与技术 EI 期刊	Scientific Bulletin	2017	乔丽平、刘霞
10	The research of mobile phone entrance guard system model based on the encryption two-dimensional code	自然科学与技术 EI 期刊	TELKOMNIKA (Indonesian Journal of Electrical Engineering and Computer Science)	2013	刘霞

续表

序号	名称	著作与论文分类	出版社或杂志社	出版年份	作者
11	Secondary prediction mode selection algorithm applied in video coding in wireless transmission system	自然科学与技术 EI 期刊	Metallurgical and Mining Industry	2015	柴旭光
12	Production scheduling and management of industrial product based on computer simulation technology	自然科学与技术 EI 期刊	Computer Science, Engineering	2021	柴旭光
13	Influencing factors and quality evaluation of urban thermal environment based on artificial neural network	自然科学与技术 EI 期刊	International Journal of Heat and Technology	2021	柴旭光
14	An optimization algorithm for supply-demand matching and production scheduling in flexible workshops based on dynamic network	自然科学与技术 EI 期刊	Academic Journal of Manufacturing Engineering	2020	柴旭光
15	Evaluation of innovation and entrepreneurship ability of computer majors based on neural network optimized by particle swarm optimization	自然科学与技术 EI 期刊	Emerging Technologies in Learning	2021	丁莉、柴旭光、曾凡晋
16	基于 GIS 的煤与瓦斯突出预测专家系统的设计	自然科学与技术核心期刊	煤炭技术	2010	游凯何、张静、王海宾、柴旭光
17	高校财务数据仓库研究	自然科学与技术核心期刊	财会通讯	2010	陈步英、张小志
18	一种基于混合个体选择机制的多目标进化算法	自然科学与技术中文核心期刊	软件学报	2019	陈晓纪
19	网站设计与实现的研究	自然科学与技术	电脑迷	2017	柴旭光
20	电子购物商城的合理设计	自然科学与技术	大科技	2017	柴旭光
21	人工智能在计算机网络技术中的应用	自然科学与技术	电子技术与软件工程	2017	柴旭光

续表

序号	名称	著作与论文分类	出版社或杂志社	出版年份	作者
22	仓库物资信息管理系统设计要点研究	自然科学与技术	科技展望	2017	柴旭光
23	数据分析与决策系统的优化研究	自然科学与技术	数字通信世界	2017	柴旭光
24	一种基于加密型二维码的手机门禁系统的设计与实现	自然科学与技术	科技通报	2014	孙永道

表 3-10　发明专利

序号	姓名	名称	专利号
1	柴旭光	一种新型网络机柜	ZL201910669642.3
2	刘霞	一种计算机多媒体教学装置	ZL 2018 2 0044261.7

表 3-11　相关产业领域主要职务

序号	姓名	荣誉称号
1	张小志	河北省计算机教育研究会第一届理事会理事
2	张小志	职业本科专业国家教学标准研制组副组长
3	张小志	河北省工业和信息化厅专家

表 3-12　专业教师团队主要荣誉一览表

序号	荣誉	主持/主要参与	批文号	获得时间
1	河北省教育成果二等奖——“两途、三阶、四融、五元”新一代信息技术专业群人才培养模式创新与实践	张小志、刘霞	冀教职成函〔2021〕32 号	2021.5
2	河北省教育成果二等奖——突出综合职业能力培养的实用性高职工学结合课程开发研究与实践	孙永道	冀教高[2013]8 号	2013.3
3	河北省科技进步三等奖——基于CSPI政企银联动的建筑市场网络化管理平台的构建与应用	张小志、刘霞	冀政函〔2011〕217 号	2011.12
4	河北省省级职业教育教学创新团队	张小志、刘霞	冀教职成函〔2021〕30 号	2021.5
5	河北省电子行业特有工种职业技能鉴定先进单位	张小志	冀工信人〔2021〕20 号	2011.3

续表

序号	荣誉	主持/主要参与	批文号	获得时间
6	教育部首批国家级精品资源共享课	张小志	教高厅函 [2016]54 号	2014.3
7	河北省第二届职业院校在线精品课程二等奖——Linux 应用基础	刘霞、张静、李洪燕	冀教职成函 〔2021〕10 号	2021.3

5. 校内实训丰富、条件优越

专业建设在校内实训基地建设中充分考虑学生职业技能培训的需要，建有完备的线下实训设施和丰富的线上实训资源，可支撑专业群教学、实验、实训、培养高层次技术技能人才。实训基地占地约 6 000 平方米，仪器设备总值 1 100 余万元。校内实训环境举例展示如图 3-4 所示。

图 3-4　校内实训环境

专业实训场所包括人工智能模型训练实训室、信创鸿蒙实训室、智能硬件实训室、工业智能软件实训室、智能系统综合应用实训室等 6 个支撑教学实践的实训场地，详见表 3-13。校内实训基地软硬件设施一流，实验实训条件处于省内同类院校先进水平，各项条件均能满足师生实验实习和培训的需求。

表 3-13　人工智能实践教学条件一览表

序号	实训室名称	教学仪器 设备名称	型号规格	数量 （台套）	购置日期	设备价值 （万元）
1	人工智能模型训练实训室	图形工作站	惠普	110	202011	74
		深度学习服务器	思腾合力	2	202110	25

续表

序号	实训室名称	教学仪器设备名称	型号规格	数量（台套）	购置日期	设备价值（万元）
2	信创鸿蒙实训室	微型电子计算机	华为 MateStations	110	202403	60
		智能移动互联实训开发平台	RC-IP&MI-II	45	202212	80
3	智能硬件实训室	微型电子计算机	戴尔 OPTIPLEX790	52	201909	26
		智能开源硬件实训开发平台	RC-EAI-OH	10	202312	11
		ARM 智能硬件实训开发平台	RC-IH-DK	45	201912	18
		嵌入式系统综合应用实训开发平台	RC-EAI-ARM	18	202007	18
		无人机实训设备	Mavic 3	10	202301	30
4	工业智能软件实训室	东软工业软件试验箱	智能仓储等单元	48	202406	13
5	机器视觉实训室	机器视觉开发平台	RC-VS	45	202306	50
6	智能系统综合应用实训室	微型电子计算机	同方超越 E700	65	201906	30
		智能系统开发平台	东软	50	202408	40

6. 校企协同发展，互惠双赢

长期合作单位有 23 家，其中包括华为泰克教育、北京百度网讯科技有限公司、东软集团股份有限公司等行业龙头企业，其建立合作时间和合作内容详见表 3-14。校企共建了集教学、培训、技能鉴定和社会服务为一体的综合性校外实训基地，制定完善的校外实训管理办法，与企业在互惠双赢的基础上共同开展高层次人才培养、技术攻关。每年可接收近百名学生开展校外实训，由企业中具有华为 AI 认证等行业企业认证的一线工程师和高级工程师担任实习、实训指导教师，能够充分保障学生校外实训高质量开展。

表 3-14　人工智能校外实训基地一览表

序号	实训基地合作单位	建立时间	合作内容
1	天津惠泽智通科技有限公司	202112	项目开发、人才培养等
2	邢台汉思数据科技有限公司	202110	学生实习、人才培养方案改革等
3	亚马逊云科技	202112	教学改革、课程制定、实习实训等
4	华为信息与网络技术学院	202107	华为 ICT 师资培训，学生鉴定认证等
5	凯捷咨询(中国)有限公司	202112	教学管理、人才培养、学生认证等
6	新华三技术有限公司	202010	共建“邢台职业·新华三大数据学院”，共建“邢台职业·新华三河北省‘1—X’认证考试中心”，共建“全国大数据平台运维职业技能等级证书邢职培训基地”等
7	北京百度网讯科技有限公司	202011	基于百度人工智能技术输出的教育领域的解决方案与服务
8	深圳泰克教育科技有限公司	201812	ICT 人才培养
9	Oracle (China) Software Systems Co,Ltd	201509	ORACLE 员工发展计划
10	红帽中国	201303	开展红帽学院院校解决方案专业合作项目
11	南京牧信科技有限公司	202011	专业培训，课程实习
12	京东方科技集团股份有限公司	201007	专业培训，课程实习
13	河北慧网科技有限公司	201705	项目开发，专业实训
14	邢台通凯信息技术有限公司	201912	专业培训，课程实习
15	河北宜和友联电子科技有限公司	202109	专业培训，项目开发
16	中商互联(河北)电子商务发展集团有限公司	201911	学生岗位实习
17	河北少方教育科技有限公司	202008	课程建设，实习实训

续表

序号	实训基地合作单位	建立时间	合作内容
18	河北惠美电子科技有限公司	201810	项目开发,实习实训
19	河北华博电子科技有限公司	201904	学生岗位实习
20	邢台市盛龙连邦软件有限公司	201910	课程建设,项目开发
21	北京云联科技有限公司	201812	课程建设,项目开发
22	石家庄智业力合科技有限公司	201911	学生岗位实习
23	东软集团股份有限公司	202407	专业培训,项目开发

7. 图书资料丰富,满足要求

学校图书馆拥有丰富的图书资源,总图书量达到 120 万册以上,生均图书量超过 100 册,完全能够满足学生日常学习和教师教学科研的基本需求。

在专业性方面,涵盖了机器学习、深度学习、自然语言处理、计算机视觉等专业领域的经典教材、前沿学术著作以及最新的技术报告。在种类上,拥有齐全的教材类资源,包括专业基础课程教材、核心课程教材和实践教学教材,为本科教学的各个环节提供有力支持。学术著作类资源丰富了教师和学生的研究视野,技术手册类则为学生的实践操作提供了具体指导。此外,还订阅了众多国内外与人工智能相关的学术期刊和专业杂志,使师生能够及时了解该领域的前沿研究和技术发展趋势。同时,积极建设电子资源,拥有专业数据库、学术论文库以及电子书籍平台等,为师生提供便捷的在线学习和检索服务。注重图书资料的时效性,定期采购新出版的专业书籍和研究报告,确保师生能够紧跟人工智能领域的最新发展动态。

在管理方面,学校建立了完善的图书馆管理制度,确保图书资料的采购、编目、借阅、归还等环节规范有序。图书馆的服务质量和效率不断提升,为师生营造了良好的阅读和学习环境。我们还积极加强与其他高校、科研机构和企业的图书资源共享,通过合作共建、资源互换等方式,进一步丰富了学校的图书资源,提高了资源利用效率。

8. 人培质量优化，声誉提升

（1）质量提升，就业稳定

人工智能工程技术专业招生形势发展较好，招生分数线稳步提升，2020—2023 年单招分数线提升至 625 分，2024 年开始取消单独招生，只从普通高考学生中招生，2023 年高考招生最低投档分数线达到 440 分，其中第一志愿录取率均为 100%，招生计划完成率均超过 100%，2024 年新生报到率为 95%，应届生就业率 98.82%，高于河北省内高校平均水平，生源质量显著提升。

据麦克斯报告，2022—2023 年专业就业率均在 95%以上，就业对口率超过 85%，毕业生薪资水平连续位居全校最高。国内中高端人工智能技术人才巨大缺口和人工智能工程技术复杂程度决定就业薪资要远高于其他专业水平，据分析人工智能工程技术毕业生在从业后也是薪资上涨速度最快的专业。

（2）以赛促学，协同育人

将技能大赛的考核内容作为课外补充，满足学生的多层次学习需求，协同推进差异化人才培养，实现以技能大赛带动学习资源优化配置。实践中逐步形成“以赛促学，以赛导学，以赛促教，以赛练师”的人才培养理念。近三年，通过教师指导学生获得全国互联网＋创新创业大赛铜奖 1 项；参与职业技能大赛获得全国职业院校技能大赛二等奖 2 项、三等奖 2 项；获得“蓝桥杯”全国软件和信息技术专业人才大赛全国总决赛二等奖 2 项、三等奖 3 项；获得河北省职业院校技能大赛一等奖 5 项。大赛增强了人才培养对岗位和社会需求的适应性。

职业技能大赛和职业资格认证也是产教融合的一种方式，长期以来，专业建设都坚持校企合作理念，校企共同搭建职场化育人环境。专业建设过程中以行业顶级认证（如华为 HCIE、红帽 RHCA）及“1＋X”证书和各类技能大赛为双引擎，促进课程、师资、实训条件等要素联动。同时根据产业发展，不断深化校企合作、产教融合，组建工作室，创新“训、研、赛、创”分类育人路径。累计获取华为、红帽、阿里等行业认证证书超过 1 000 人次；超过 100 名学生在国家级、省级职业技能大赛中获得荣誉和奖项。职业技能大赛和职业资格认证进一步优化了课程设置，提高了就业质量。

人才培养方案建设有机融入“职业认证”和“技能大赛”知识点，有效拓展知识技能学习，学生通过“X”认证和参加技能大赛极大地提升了自己的实践能力和专业水平，“X”证书驱动下学生突出的实践能力得到了企业的充分认可，平均每年就业率达到 95%，专业对口率超过 75%，顶岗实习期间学生平均薪资突破 4 000 元。

9. 社会培训多样，效果突出

利用校内外实训基地，力促邢台经济文化建设，积极开展区域企业技术支持和培训服务。其中，2020 年达到 1 486 人次，2021 年达到 1 135 人次，2021 年达到 1 233 人次，社会培训人次年均超过本专业在校生的 4 倍。为拓宽校内外培训渠道，本专业积极开展线上课程资源建设，目前已建设 11 门课程，累积资源 2 212 个，其中音视频资源 1 015 个，选课用户达 6 万余次，涉及单位 500 多家，互动次数超 70 万次。

为促进职业院校与行业企业的产教结合，贯彻职业教育以赛促学理念，本专业积极承办嵌入式技术应用开发等五项河北省职业技能大赛，累积承接参赛队伍 90 支，参赛人数 270 人，高标准，高质量完成大赛承办任务，获河北省教育厅及职教集团一致好评。

近年连续承办多种类的国家级师资培训项目。其中有职业院校教师素质提高计划分类中的技能大赛指导教师课赛融合与技能训练项目，包含“嵌入式技术应用开发”在内的三种国家级别赛事。培训内容对接全国职业院校技能大赛和世界技能大赛赛项的理论知识与技术技能要求。另外还有名师名匠团队培育分类中的双师型名师（名匠）工作室和技艺技能传承创新团队平台项目，研修内容主要包括模块化课程建设与组织实施、教学资源研发、先进技术技能研发与转化应用、教学能力和教科研能力提升等。培训效果突出，取得各方一致好评。

10. 科研三级平台，助力发展

专业建有工业 APP 数字化应用技术协同创新中心、河北高校机电产品设计与智能测控应用技术研发中心、河北省锂电池极片高敏轧制系统技术创新中心三个省级科研平台，邢台市物联网创新中心市级科研平台和人工智能模型应用创新、智能硬件系统设计开发、信创鸿蒙系统开发、工业视觉应用等 4 个校级“守敬”创新工作室。依托三级科研平台，积极开展技术研发和技术服务，取得发明专利 2 项，中文核心期刊、SCI 期刊、EI 期刊等高水平论文 24 篇、省级以上立项课题 10 项、软著专利 31 项、科技成果转化 10 多项，金额累计 35 万元。

图 3-5　科技服务工作站日常走访企业

为更好服务区域行业企业，打通技术服务“最后一公里”，设立县域科技服务工作站。科技服务工作站日常走访企业举例展示见图 3-5。近三年，结合企业转型改造、“两化”融合，对河北卧牛星空电子科技有限公司、邢台精诚重型机械设备有限公司、河北宜和友联电子科技有限公司、河北擎天网络科技有限公司、邢台海裕锂能电池设备有限公司、河北财翔信息技术有限公司等 23 家区域企业在人工智能研发、信息服务、数据优化方面开展技术服务，横向到款额累计 420 余万元。

人工智能工程技术专业践行课堂外教学第二途径，依托“守敬科坊”工作室（本专业建立的 4 个“守敬科坊”创新工作室详见表 3-15）师生共同开展人工智能技术创新和项目研发工作。工作室以立德树人、手脑并用、项目实践、创新引领为根本，提供固定场所和配置实践设备，遴选优秀学生与专任教师组成师生创新团队。在项目研发期间，工作室以专业教师和企业导师实施“双导师”制，以学生团队实行项目管理制，尤其突出人工智能产品设计开发、测试应用、项目部署与运维等技术研发项目，培育研究成果，实施成果转化，引导学生创新创业，提高学生的工程实践能力和创新创业能力，拓宽了学生培养路径。

表 3-15　“守敬科坊”创新工作室一览表

序号	工作室名称	主要人员	研究方向
1	人工智能模型应用创新	陈永波、刘霞、董永	人工智能模型开发、部署、迁移、优化研究和创新

续表

序号	工作室名称	主要人员	研究方向
2	智能硬件系统设计开发	梅颖、李锋涛、陈军、李洪燕	面向制造业的智能硬件系统开发
3	信创鸿蒙系统开发	赵晨杰、朱盈颖、柴旭光、张小志	鸿蒙系统下的智能应用软件设计与开发
4	工业视觉应用	赵晨杰、姜涛、陈晓纪、孙永道	工业领域的机器视觉应用系统开发

三、专业发展规划

人工智能工程技术专业是一个新型且技术更新较快的专业，要做到与区域产业需求相匹配，根据区域政策变化补充更新培养目标和培养规格；要做到与技术发展趋势相匹配，根据前沿技术补充更新课程体系和教学资源；要做到与行业企业岗位相匹配，根据岗位领域特点补充更新教学模式和育人规则。

1. 建设目标

结合学校“十四五”发展规划，制定人工智能工程技术专业五年发展规划，坚持职业教育办学方向、坚持高层次技术技能人才培养定位，服务人工智能产业发展和传统产业转型升级，落实校企双元育人，创新职业本科层次人工智能工程技术专业人才模式，深入推进专业教学团队、教学资源、实训条件、国际交流合作建设，提升专业办学水平、提高人才培养质量，将人工智能工程技术专业建设成国内领先的职业本科专业。

2. 招生规模

人工智能工程技术专业拟于 2025 年招收本科生 80 人，在今后五年内，将稳定学生规模、提升专业内涵作为专业重点发展战略，五年后在校生规模达到 500 人左右。

3. 建设措施

（1）“一基四能”精准定位，培育技术技能人才

人工智能工程技术专业旨在培养满足新一代信息化技术与“鸿蒙欧拉产业

链”发展需要，能够胜任人工智能数据处理、智能硬件产品实现、应用集成与运维等职业岗位要求，掌握扎实的技术基础知识，具备过硬的专业技能、丰富的数字化能力、较强的创新能力和复杂技术问题解决能力的“一基四能”高层次技术技能人才。

如图 3-6 所示，人工智能工程技术高层次技术技能人才培养方案以“职普融通”为指导思想，通过设置 28 门通识基础课程和 18 门专业基础课程，增强学生的理论知识和专业基础知识学习；以“岗位定位”和“职业能力分析”为划分基础，设置“智能模型开发”“硬件系统开发”两个专业能力课程群模块，共计 7 门课程和 4 门实训课程；以“智能产品”为综合技术能力培养，设置智能工业软件和智能硬件系统两个专业方向，每个方向 3 门课程；以“创新发展”为多元化能力培养，设置 3 门新技术与跨学科课程和 7 门职业技能训练选修课程；以“工业数据”为实践载体，培养复杂技术问题解决能力，设置 5 门累积 10 周综合实践课程。

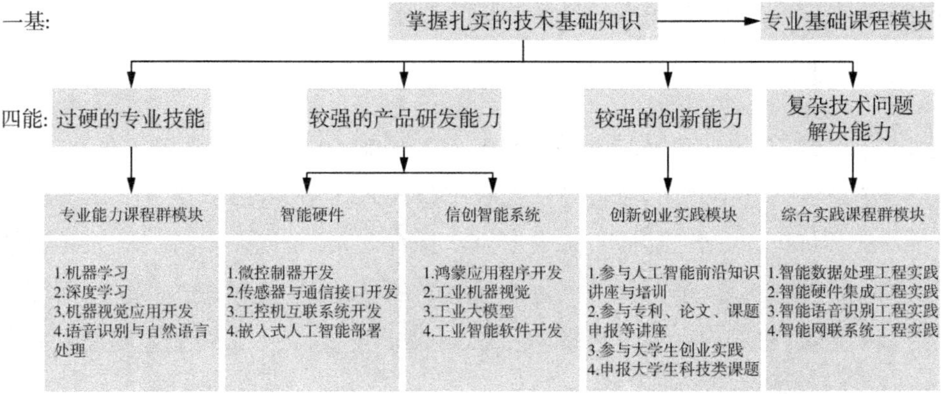

图 3-6 “一基四能”高层次技术技能人才培养定位

（2）拓展内外育人空间，打造高水平教学团队

①实施“技术领军人才”工程，分层分类培训教师

依托与华为、东软等合作建设的产业学院，推进顶级认证计划，打造一批“技术领军人才”，引领专业、教学改革。

根据教学团队建设目标和教师发展目标制订培养计划，采用学历进修、院校交流、行业交流、国际交流、校企联合培养、行业顶级认证、重点培养、以老带新等方式进行，制定激励措施，在业绩考核、培训和认证资金方面给予支持。

②落实“三进”实践计划，打造创新双师队伍

大力落实“三进”实践计划，即企业高端认证进产业学院、科研项目进协同创新中心、企业真实项目进“守敬科坊”工作室，着力培养教学团队创新实践能力、打造“双师”队伍，力争到 2025 年“双师”比例达到 100%。

③实施“内培外引”计划，不断优化团队结构

支持团队教师参加国际、国内高水平院校博士培养，引进行业高水平技术技能人才、引进高学历人才加入教学团队，实现团队成员的动态化调整，加强专兼职教师队伍建设、持续优化教学团队结构、不断提高教学团队能力水平和社会服务水平。

④校企“双向互通”，共建高水平师资培养基地

依托校企合作和校外实训基地，校企“双向互通”，在企业导师进校的同时，定期安排教师到企业开展实践活动，具体可以采取考察观摩、技能培训、顶岗实践、企业兼职、技术研发等形式开展。

总之，如图 3-7 所示，我校人工智能专业通过引智聚优、融通精进、制度激励等方式，全力打造高水平教学团队，为专业发展保驾护航。

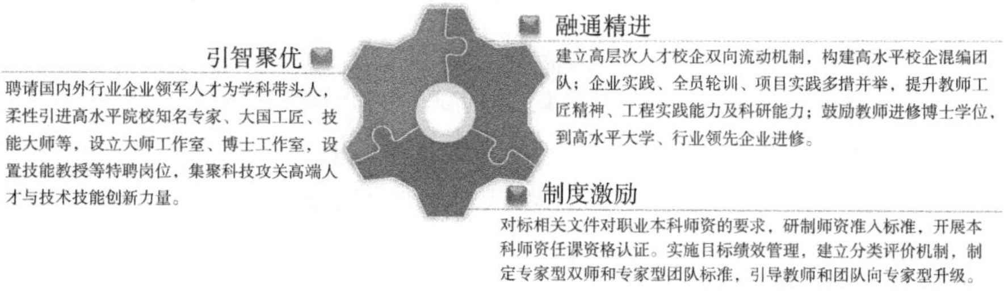

图 3-7　教学团队培养

(3) 注重实践创新培养，优化专业课程体系

①思政融贯，筑牢理想信念之魂

制定《专业课程体系课程思政实施方案》，充分挖掘专业课程体系中蕴含的思政元素，建设专业课程思政案例库。在人才培养目标、课程标准、教材、在线课程、教学素材等课程要素中全面融入思政元素；教师结合课程内容在案例库中选择合适的思政案例，将思政元素融入教学全过程，实施“三全”育人，推动习近平新时代中国特色社会主义思想进教材、进课堂、进头脑，引导学生构建正确

的世界观、人生观、价值观。

②三重两化，构建人才培养体系

基于工作任务和职业能力分析，强化实践，突出创新，打造“三重两化”人才培养体系，课程内容强调重技术、重实践和重发展，构建“平台＋模块”的课程体系架构，以技术深度、实践广度和个人发展潜能为核心，实现模块化和综合化，如图 3-8 所示。

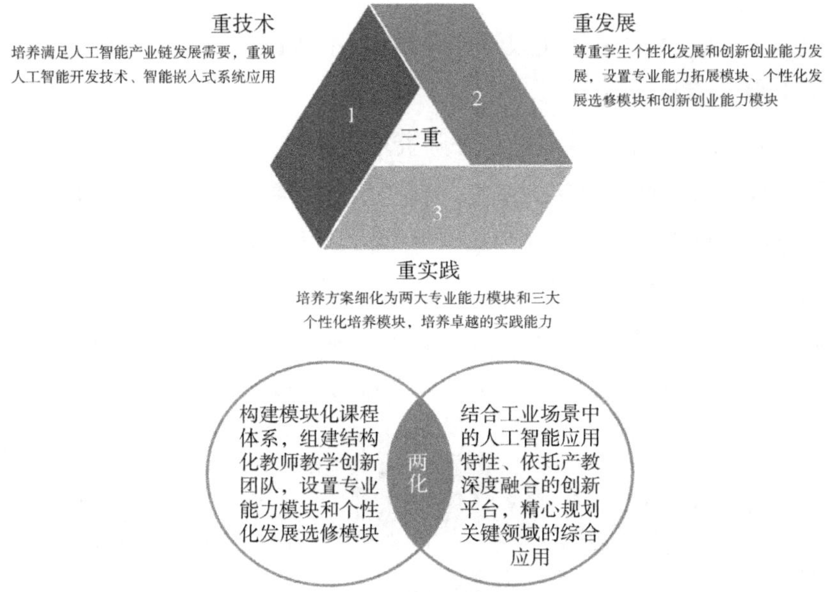

图 3-8 “三重两化”课程体系设置

③课岗融合，培养岗位技能素养

一是校企合作共同制定、完善课程标准。基于国家对信创的大力支持政策以及河北省对未来产业布局方向“鸿蒙欧拉产业生态”的推广，专业的核心课程也要全部转换为信创鸿蒙体系，依托华为 ICT 学院、校企合作调整课程及实训内容标准，以适应职业岗位群能力的需要，适应人工智能产业技术革新与变化。二是基于职业岗位工作过程构建课程体系。按照实际的工作情景、工作要求、工作过程，按照“模块划分、能力递进”的原则组织课程内容体系、完善课程标准，充分培养学生的职业岗位素养、技能。

④课证融通，提高学生就业质量

“1＋X”证书考核标准中的知识、技能、能力要求准确地反映了企业岗位职业关键能力的需求，具有较强的适用性、先进性。专业核心课程将全面对标华为“HCIP-AI”“1＋X”认证的考核标准，将“X”证书的技能考核要求融入课程，调整专业的课程体系、课程标准。通过课证融通提高学生获取职业资格证书的比例，从而实现帮助学生提高就业质量的目的。

⑤双创融入，培育可持续发展能力

从课程体系模块中的公共基础课、专业课、拓展课、实践课等多方面入手，开设双创通识课程，激发双创意识，培养双创基本素养；通过开设双创实践课程，结合创新创业大赛等活动，培养双创技能；通过在专业课程中挖掘双创切入点，建设双创融合课程，依托创新工作室和产业学院，培养双创专业能力，促进学生可持续发展。

（4）多元化全方位推进，加强教学资源建设

①全面推进新形态教材建设

校企共同组建教材开发团队，依照专业方向对应的职业岗位任务将岗位工作内容转化为任务工单，以实操任务工单为主线整合、序化教材教学内容，分类配套开发教学设计、教学课件、教学录像、演示录像、任务工单、学习手册、测试习题、企业案例等八要素学习包。到 2025 年，力争开发完成 6 门核心课程的新形态教材。

②全面推进在线精品开放课程建设

构建基于信息化平台支撑的在线课程资源，支持线上线下混合式教学。目前已立项在线精品开放课程 10 门，到 2025 年，力争建成 6 门以上省级在线精品课程、1 门以上国家在线精品课程。

③全面推进教学项目资源库建设

以认证证书所涵盖的知识点和技能点为基础，设计课程项目；以岗位职业能力的细化要求为基础，按照任务相近、技能连贯的原则分解融合，建设课程群项目；以产业学院为依托，引入基于企业生产需求的专业级项目，建设专业教学项目资源库。

（5）项目模块优化课程，创新职业本科模式

创新“课堂内”和“课堂外”两种育人途径，改变单一的课堂内培养模式，将教学从课堂内拓展到课堂外，延展了教学的时间长度和空间广度。课堂内“项目导向、任务引领”突出学生主体地位，课堂外创新基于“守敬科坊”下的工作室

培养模式，完善分层分类培养。

①课堂内精研“基于任务链，迭代式小步快进”教学法，推进课堂革命

课堂内以学生为主体，教师以工学结合、项目贯穿、任务引领组织教学实施。每门课程形成由简单到复杂的任务序列，学习任务之间相互关联构成任务链，前后任务之间既有新知识点和技能点的补充，也包括已有知识点和技能点的拓展训练；任务设计将知识、技能及素质要求等要素进行整合，由简单到复杂，形成任务序列，培养、训练学生的综合职业能力。

②课堂外依托“守敬科坊”工作室，创新校企双元育人分层分类培养人才

以专业导师和企业导师的“双导师制”为核心，学生团队作为主体，三阶段项目化为主线，创新工作室为平台，在双导师的联合指导、启发和鼓励下，学生相互协作、与导师一起完成各类项目。工作室采用“松耦合结构”，在专业教育过程中，选拔具有双创潜能的学生进入工作室，通过应用创新研究项目、技术服务项目、技能大赛项目、创新创业大赛等，培育学生创新精神和创业能力，实施分层分类人才培养。

(6) 多主体多维度参与，构建合理考核评价

构建全面而多元的评价体系，将形成性评价与总结性评价相结合，定性分析与量化考核并重，同时吸纳校内与校外多方评价主体的意见。具体而言，综合考量学生的考勤记录、作业完成情况、实验表现、阶段性测试、期末考试成绩、项目成果展示、专业证书获取、参与大赛获奖情况以及创新创业学分认定等多个维度，以确保评价的全面性和公正性。为了持续优化教学评价机制，每年定期组织教师、在校学生、应届毕业生及企业代表共同参与教学评价调研分析工作。这一举措旨在通过收集不同视角的反馈，深入剖析教学过程中的优势与不足，进而实时调整和完善教学评价措施，以促进教学质量的持续提升。

(7) 校内校外共建基地，提升实践条件建设

①校企共建校内基地

鉴于对高水平技术技能人才需求的日益紧迫，携手华为、百度等业界龙头，共同策划并实施了对现有实训基地的智能化改造计划，并筹划新建专注于智能制造与工业人工智能的专项实训基地，拟扩建、新建的3个校内实训基地详见表3-16。该项目旨在深度融合人工智能、虚拟现实等尖端科技，构建一个以学生为中心、高度智能化的实训生态体系。在此智能化实训平台上，将实施智能

分班教学策略，确保每位学生都能享受到量身定制的学习路径；引入虚拟现实技术，营造沉浸式学习环境，使学生仿佛身临其境于职场一线，极大提升学习的直观感受与互动性；同时，通过模拟真实工作场景的随境教学模式，让学生在模拟操作中提升实践技能。此外，将积极拓宽校外实训渠道，深化与百度、华为等享有行业顶级认证的领先企业的合作，邀请其一线资深工程师直接参与学生的实习与实训指导，确保学生所接触的实践内容紧贴行业前沿技术，从而培养出能够快速适应并引领未来技术发展趋势的优秀人才。

表 3-16　拟扩建、新建校内实训基地计划表

年份	建设内容	计划投入经费（万元）	备注
2025	人工智能模型场景应用实训室	120	建设算法服务平台，培养学生掌握基础算法和与人工智能行业交叉的优秀算法，夯实学生基础，拓宽技术视野
2026	华为鸿蒙产业学院实训基地	150	“产、学、研、转、创”多主体、多功能深度融合
2027	百度人工智能应用实训基地	180	建设人工智能开发实训平台，使学生能通过最真实的企业级解决方案开发项目掌握高端智能产品开发技术

②校外实训基地建设

重视并充分发挥人工智能行业企业的引领作用，致力于营造企业积极承担职业教育责任的良好人文氛围。在职业教育领域，将高层次技术技能人才的培养作为核心目标，积极寻求与龙头企业的深度合作，共同打造高水平、专业化的产教融合校外实训基地，这些基地将具备显著的辐射和引领效应。为了确保学生获得充分的实践机会，设定具体目标，即实现所有学生均能在企业完成至少半年的顶岗实习，同时力争有 30%的毕业生能够在实习期间就获得实习企业的青睐，实现就业。为实现这一目标，将不断完善校外实训基地的管理制度，构建一套既能满足工学结合人才培养模式需求，又能支撑课程体系发展的运行机制。此外，还将建立健全质量监控体系，确保实训基地的教学质量和实践效果达到最优。

（8）五位一体强化服务，社会能力持续提升

依托五位一体科研服务体系，结合人工智能工程技术产业发展需求，积极扶持和帮助教师开展人工智能相关技术研究和社会服务。开展面向社会的技

能培训、转岗培训、终身学习服务，建成覆盖邢台市及周边区域，以学院“守敬科坊”为依托，建设三类(项目研发、技能大师、应用创新)工作室，提升服务地方经济能力。每年服务区域企业转型升级和产品改造10家以上，社会服务横向到账60万～100万元/年。

(9) 持续深化产教融合，校企合作共建专业

持续深化与华为、百度等业界龙头企业的战略合作伙伴关系，构建稳固且长效的合作框架。推行现场工程师培养模式的革新，将企业实际需求融入教学改革各个环节，提升人才培养对就业岗位及社会发展的契合度。推进人工智能平台运维领域的“1＋X”认证与课程深度融合的试点工作，提升学生的就业竞争力与就业质量。将人工智能工程技术专业的人才培养精准定位在支撑并促进区域重点产业链的发展上，联合学校的智能制造工程技术专业、工业人工智能领域的研发企业以及智能制造企业，形成了四方联动的培养机制，有效促进人工智能工程技术专业与智能制造工程技术专业的交叉融合与协同发展，丰富人工智能工程专业的内涵建设，切实服务于智能制造的转型升级与企业的两化改造进程。

(10) 标准引领职教出海，促进国际合作交流

着力从强化国际意识、突出应用特色和地方特色入手，坚持服务学校、服务教师、服务学生的宗旨，做到引进来和走出去并举。积极响应国家“一带一路”倡议，主动作为，向沿线国家输出我们的专业群教学标准与优质教学资源，致力于培养能够服务于“一带一路”建设的高层次技术技能人才。结合当前学校特色，依托泰国大学生海外实习基地、敏布里技术学院语言与技术中心，积极开展中泰合作、中非合作，通过合作办学、互派留学生、教师交流互访等方式不断深化国际合作。

四、实施保障

1. 组织保障措施

专门成立职业本科“人工智能工程技术专业”建设领导小组，由学校(教务处)—系部(信息工程系)—教学团队(人工智能工程技术专业教学团队)三级构

成。学校层面负责制定相关规章制度、组织专业论证、监管教学过程、把控教学质量。系部层面负责专业建设的具体组织实施，包括深化校企合作、师资团队建设、实训条件建设、国际交流合作。专业教学团队负责研究职业本科人才培养模式、优化课程体系设置、课程标准制定、建设专业教学资源、提升社会服务能力。

2. 制度保障措施

构建贯穿学生培养全周期的教学质量监控体系，同时设立毕业生跟踪反馈机制与社会企业评价管理制度，以实现对人才培养目标达成度的定期、全面评估。在此基础上，建立健全的专业建设与人才质量持续优化机制，确保教学质量监控的实时数据、毕业生的持续反馈以及社会各界的广泛评价能够迅速转化为专业人才培养方案的优化与教学方法的改进动力，形成一个闭环的改进循环，不断推动专业建设质量的稳步提升。此外，制定详尽的工作室与实训基地使用管理制度，旨在为人工智能领域的开发、测试、运维等实践实训活动提供坚实的制度保障，确保各项任务能够高效、有序地进行。通过这一系列管理制度的有效实施，旨在不断深化专业融合度，并在教学、科研服务、技能培训等各个环节中不断探索与完善，以实现整体教育质量的持续提升与飞跃。

3. 资金保障措施

积极争取来自各级政府的专项资金支持，并努力扩大学校自筹资金以及与企业合作的横向资金的双元投入，以确保资金充足并专项用于人才培养、课程资源开发、设备设施升级、师资队伍培训以及促进“1＋X”证书制度下的校企共建产业学院和技能大赛的蓬勃发展。在此过程中，专业建设团队将全面负责项目资金的统筹规划与科学分配，确保每一笔资金都能得到合理且有效的使用。严格遵循学校制定的项目建设资金管理办法，坚持专款专用、量入为出的基本原则，严格把控资金使用的每一个环节，力求提高资金利用效率。同时，将建立健全经费管理审计监督机制，对资金使用情况进行全面监督，确保资金使用的合规性与效益性。对于资金使用中出现的任何问题，都将坚决执行问责机制，以保障项目资金的安全与高效运行。

4. 条件保障措施

为满足职业本科专业教学与科研需求,学校已投入大量资金,配置了高性能服务器、大数据处理平台、人工智能开发套件和云计算基础设施等先进实验室设备。这些设备不仅能够支撑学生的日常实验活动,还可以支持教师和研究人员的前沿科研项目。学校高度重视设备的更新与维护,建立了完善的设备管理制度,确保设备的持续可用性和稳定性。同时,积极寻求与企业的合作机会,建立校企合作实验室,引入企业先进的设备和技术,为学生提供更贴近实际工作环境的实践机会,促进产学研一体化发展。这些措施将为职业本科专业的顺利建设和持续发展提供坚实的条件保障。

第四章

人工智能职业本科专业人才培养方案研制

一、人工智能工程技术专业人才培养方案

（一）专业名称（专业代码）

人工智能工程技术专业(310209)

（二）培养目标

本专业培养理想信念坚定，德智体美劳全面发展，具有良好的人文科学素养、鲜明的军工精神与工匠精神，掌握较为系统的人工智能基础理论知识，具备过硬的专业技能、较强的数字化能力、创新能力和复杂技术问题解决能力，面向新一代信息技术产业的人工智能应用开发工程师、智能硬件开发工程师等职业群，人工智能数据处理、智能硬件产品实现、智能应用集成与运维等岗位群，同时面向信创未来产业，针对“鸿蒙欧拉产业生态”的产品开发、测试与运维等岗位群，能够从事人工智能数据处理与分析、人工智能应用开发、信创智能应用开发等工作的高层次技术技能人才。

（三）入学基本要求

普通高级中学毕业或具备同等学力

（四）学制与学位

基本学制：4 年

修业年限：3～6 年

授予学位：工学学士

（五）职业面向

人工智能工程技术专业的职业面向确定如表 4-1 所示。

表 4-1　职业面向

所属专业大类(代码)A	电子与信息大类(31)
所属专业类(代码)B	计算机类(3102)
对应行业(代码)C	互联网和相关服务(64) 软件和信息技术服务业(65) 计算机、通信和其他电子设备制造业(39)
主要职业类别(代码)D	人工智能工程技术人员(2-02-10-09) 智能硬件装调员(6-25-04-05) 计算机程序设计员(4-04-05-01)
主要岗位(群) 或技术领域举例 E	人工智能应用开发岗位群 人工智能集成测试岗位群 人工智能平台运维工程师 智能硬件系统开发工程师
职业类证书举例 F	华为人工智能 HCIP 认证 嵌入式边缘计算软硬件开发职业技能等级证书 华为 HarmonyOS 应用开发者高级认证

(六) 培养规格

本专业学生应在系统学习本专业知识并完成有关实习实训的基础上，全面提升素质、知识、能力，掌握并实际运用岗位(群)需要的专业核心技术技能，总体上须达到以下要求：

(1) 坚定拥护中国共产党领导和中国特色社会主义制度，以习近平新时代中国特色社会主义思想为指导，践行社会主义核心价值观，具有坚定的理想信念、深厚的爱国情感和中华民族自豪感；

(2) 能够熟练掌握与本专业从事职业活动相关的国家法律、行业规定，遵守职业道德准则和行为规范，具备强烈的社会责任感、较强的集体意识和团队合作能力，甘于奉献，勇于担当，吃苦耐劳，做事果断，执行有力；

(3) 掌握支撑本专业学习和可持续发展必备的政治、数学、英语等文化基础知识，具有扎实的科学素养与人文素养，具备职业生涯规划能力；

(4) 具备数据结构与算法分析、程序设计、数据库设计能力；

（5）具备机器学习与深度学习模型应用开发技术，针对具体问题能够自主完成算法比选和算法的实现，具备结合业务场景的模型评估、调优、测试、推理及工程化实施的能力；

（6）具备数字图像处理、机器视觉应用开发技术，能够针对实际视觉应用场景制定系统设计方案，具有多种图像处理算法综合应用的能力；

（7）具备计算机视觉应用开发技术，掌握人脸识别、OCR、目标检测、实例分割、姿态估计等技术原理，针对具体应用场景，能够自主完成技术选型和系统搭建，具备智能视觉系统应用开发能力；

（8）具备语音识别与自然语言处理应用开发技术，针对具体场景如智能语音助手等，能够自主完成技术选型和系统搭建，具备智能语音与自然语言处理应用开发能力；

（9）具备常用电子测量仪器使用、电路原理图识读与分析等嵌入式系统硬件调测能力；

（10）具备基于微控制器及微处理器的嵌入式系统底层驱动、接口通信、实时操作系统移植及嵌入式应用软件开发与测试能力；

（11）具有边缘计算工程设计与实施能力；

（12）掌握扎实的数理知识和软件工程及鸿蒙系统开发的专业知识，具有较强的实践能力和创新能力，能够胜任大中型软件和鸿蒙系统应用的分析、设计、编码、测试和维护等工作，解决复杂的软件工程和鸿蒙系统工程问题；

（13）能够设计人工智能应用系统开发流程，具备智能软件架构设计技术，掌握基础的 UML 绘制、设计模式、软件架构风格，掌握模型服务化技术，具有 RESTful API 设计能力，具有前后端分离的模型部署与业务系统实现与创新能力；

（14）具备人工智能系统的安装、部署、调测、运维等技能，能够提供人工智能技术支持和服务；

（15）了解人工智能产业发展现状、趋势及相关产业文化，掌握绿色生产、环境保护、安全等相关知识，具有质量意识、环保意识、安全意识和创新思维，具有探究学习、终身学习和可持续发展的能力；

（16）具有参与制定技术规程与技术方案的能力，能够从事技术研发、科技成果或实验成果转化；

(17) 具有良好的语言表达能力、文字表达能力、沟通合作能力,学习一门外语并结合专业加以运用,具有一定的国际视野和跨文化交流能力;

(18) 具有探究学习、终身学习能力,能够适应新技术、新岗位的要求,具有批判性思维、创新思维、创业意识,具有较强的分析问题和解决问题的能力;

(19) 掌握基本身体运动知识和至少一项运动技能,达到国家大学生体质测试合格标准,养成良好的运动习惯、卫生习惯和行为习惯,具备一定的心理调适能力;

(20) 掌握必备的美育知识,具有一定的文化修养、审美能力,发展至少一项艺术特长或爱好;

(21) 弘扬劳动光荣、技能宝贵、创造伟大的时代精神,热爱劳动人民、珍惜劳动成果、树立劳动观念、积极投身劳动,具备与本专业职业发展相适应的劳动素养、劳动技能。

(七) 主要课程

1. 开设的主要课程与实践环节

主干课程:机器学习、深度学习、机器视觉应用开发、图像识别处理技术、语音识别与自然语言处理、数据采集与可视化、微控制器开发、开源硬件、传感器与通信接口开发、鸿蒙应用程序开发。

实践项目:课程项目有专业基础技能实训、单片机 C 程序设计开发、数据采集软件开发、智能化数据处理工程实践、嵌入式系统集成工程实践以及企业实习、毕业设计等。

2. 专业核心课程主要教学内容与要求

人工智能工程技术专业的专业核心课程名称、工作任务描述及其主要教学内容等详见表 4-2。

表 4-2　专业核心课程一览表

序号	工作领域	专业核心课程	工作任务描述	主要教学内容
1	智能模型开发	机器学习	1. 采用数据处理技术，实现数据预处理和整合； 2. 应用特征工程，从数据中提炼关键信息； 3. 针对问题场景，选择合适的机器学习算法和模型； 4. 使用机器学习框架进行机器学习算法实现，并进行模型训练； 5. 完成机器学习算法模型的评估与优化，撰写技术文档和报告	1. 数据挖掘的基本算法和原理，如 K-means 聚类、决策树分类等； 2. 数据预处理与特征工程； 3. 模型评估与优化方法； 4. 机器学习工具或库的使用，如 Scikit-learn 等； 5. 机器学习工程化实施流程
2		深度学习	1. 针对具体场景问题，阅读并理解相关算法文档，设计深度学习网络结构； 2. 使用深度学习框架(如 Keras、PyTorch 等)进行算法实现； 3. 进行深度学习模型的训练和评估； 4. 针对特定应用场景进行模型部署和性能优化； 5. 分析实验结果，撰写技术报告和文档	1. 深度学习的基本原理，包括神经网络、卷积神经网络(CNN)、循环神经网络(RNN)等； 2. 深度学习框架的使用，如 TensorFlow、PyTorch 等； 3. 深度学习模型的训练、验证和测试流程； 4. 模型优化技巧，包括超参数调整、正则化、Dropout 等； 5. 前沿深度学习算法文档的查阅与复现
3		图像检测与识别	1. 计算机视觉应用场景需求分析与数据采集； 2. 比选开源算法，并使用深度学习框架和工具进行算法复现； 3. 模型训练与调优； 4. 针对特定应用场景进行模型部署和性能优化； 5. 分析实验结果，撰写技术报告和文档	1. 2D 视觉：人脸检测与识别，OCR 识别，目标检测(YOLO、SSD、Faster R-CNN)、语义分割、实例分割、姿态估计等计算机视觉基础算法与工具； 2. 3D 视觉：三维视觉 3D 重建、深度估计、3D 点云处理等基本概念和相关算法和工具； 3. 案例实操：零件自动分拣、实时工业钢材缺陷检测和视觉 SLAM 建图三个实际案例
4		自然语言处理	1. 对语音和文本数据进行预处理，包括清洗、标注和特征提取； 2. 选择合适的算法和模型，实现语音识别算法程序开发，进行语音信号的采集、处理和识别； 3. 实现自然语言理解(NLU)和自然语言生成(NLG)算法； 4. 集成语音和自然语言处理技术到实际产品和服务中； 5. 撰写技术文档，进行算法性能评估和报告	1. 语音信号处理的基础知识，包括声音信号的采集、预处理、特征提取和建模； 2. 语音识别的基本原理和技术，如隐马尔可夫模型(HMM)、深度学习模型、声学模型和语言模型； 3. 自然语言处理的基础，包括语言学原理、句法分析、语义分析、实体识别和情感分析； 4. 语音和自然语言处理工具的使用，如 Kaldi、CMU Sphinx、TensorFlow Speech、spaCy、NLTK 等； 5. 语音识别和自然语言处理在具体应用场景中的实践，如智能家居、客服机器人、语音助手等； 6. 对话系统设计，包括意图识别、对话管理、语境理解和多轮对话

续表

序号	工作领域	专业核心课程	工作任务描述	主要教学内容
5	智能硬件开发	微控制器开发	1. 根据设计需求完成微控制器开发环境的搭建、软件代码编写、调试、测试和维护； 2. 根据设计需求完成 MCU 芯片选型； 3. 根据设计需求完成微控制器外设底层驱动开发与调试； 4. 根据项目需求完成开发文档、测试用例编写	1. 掌握微控制器集成开发环境的安装、配置、程序编写、编译、调试和烧写等基本操作； 2. 掌握微控制器的概念、分类和选型； 3. 了解微控制器内部结构； 4. 掌握微控制器时钟系统配置； 5. 掌握微控制器 IO 端口使用和端口复用； 6. 理解中断概念和优先级控制； 7. 掌握定时器的定时、PWM 和输入捕获等功能的实现； 8. 掌握 ADC 基本原理，并可以使用微控制器进行模拟信号的处理； 9. 掌握 DAC 基本原理，并可以使用微控制器进行模拟信号的输出； 10. 掌握 DMA 基本原理
6		传感器与通信接口开发	1. 根据设计需求完成传感器和接口总线的选取； 2. 根据设计需求完成所需传感器技术文档查找； 3. 根据技术文档完成传感器功能开发； 4. 根据设计需求完成接口总线的实现； 5. 根据设计需求完成与上位机通信程序开发和调试； 6. 撰写详细设计文档、用户手册、接口说明，为后期维护和升级提供清晰指导	1. 掌握传感器技术文档的查找和阅读方法； 2. 掌握 IIC 总线原理和光照传感器等开发； 3. 掌握 OneWire 总线原理和温湿度传感器等开发； 4. 掌握 SPI 总线原理和 LCD 开发； 5. 掌握串口通信原理和 ESP8266 开发； 6. 掌握 CAN 总线原理
7		实时操作系统移植	1. 根据设计需求完成实时操作系统的选取； 2. 根据设计需求基于嵌入式操作系统进行应用开发； 3. 根据设计需求构建高效、稳定、实时性强且安全的嵌入式系统； 4. 编写软件设计文档、测试文档及其他相关文档	1. 掌握实时操作系统的基础理论； 2. 掌握任务调度与优先级管理； 3. 掌握内存管理； 4. 掌握任务同步与通信； 5. 掌握中断处理； 6. 掌握实时性分析； 7. 掌握实时开发工具与调试
8		嵌入式人工智能部署	1. 根据设计需求及硬件条件完成 AI 模型的选取； 2. 根据设计需求完成嵌入式人工智能算法的开发和移植工作； 3. 根据设计需求完成嵌入式人工智能算法平台搭建	1. 掌握 AI 模型训练、压缩、量化、优化、部署等嵌入式人工智能部署步骤； 2. 掌握根据嵌入式平台硬件特性选择 AI 模型的能力； 3. 掌握 AI 模型部署后的模型优化、硬件调整方法

续表

序号	工作领域	专业核心课程	工作任务描述	主要教学内容
9	智能软件开发	鸿蒙应用程序开发	1. 根据产品需求，编写设计开发及实现文档； 2. 根据产品和 UI 设计要求，按设计稿高度还原鸿蒙 APP 页面； 3. 根据产品功能设计，调用后端程序接口实现 APP 页面功能； 4. 完成 APP 端业务代码优化，美化页面	1. 掌握鸿蒙开发环境搭建和项目结构； 2. 掌握鸿蒙基础界面控件、布局管理器和高级界面控件的使用； 3. 掌握鸿蒙事件处理机制； 4. 掌握 Ability 的生命周期和 Page Ability 间的数据传输； 5. 掌握鸿蒙日志的使用
10		工控机互联系统开发（鸿蒙）	1. 根据产品需求，设计智能场景通信接口协议，实现多传感器数据安全传输； 2. 根据产品功能设计，选用合适无线通信协议实现远程数据通信； 3. 完成 APP 端页面设计和后端功能实现； 4. 完成嵌入式端数据收发	1. 掌握鸿蒙多线程和网络编程； 2. 掌握鸿蒙传感器使用； 3. 掌握微控制器进行数据无线传输； 4. 掌握移动互联系统设计

（八）毕业标准

1. 学分要求

最低毕业学分要求为 183 学分，其中第一课堂 173 学分，第二课堂 10 学分。学生达到《河北科技工程职业技术大学学士学位授予工作细则》要求，可获得工学学士学位。

2. 职业资格证书

获得华为人工智能 HCIP 认证、嵌入式边缘计算软硬件开发职业技能等级证书、华为 HarmonyOS 应用开发者高级认证等相关的高级职业技能等级证书。

（九）课程结构

人工智能工程技术专业课程结构确定如表 4-3 所示。

表 4-3 课程结构

课程类别			学分		学分占比（%）	学时		学时占比（%）
			理论	实践		理论	实践	
第一课堂	平台	通识课程平台	33.72	19.28	30.64	654	374	30.53
		专业基础课程平台	30	22	30.06	550	272	24.70
	模块	专业能力模块	13	13	15.03	208	208	12.35
		综合实践模块	0	30	17.34	0	900	26.72
		个性选修模块	6	6	6.94	96	96	5.70
	小计		82.72	90.28	100	1 518	1 850	100
第二课堂			10		—	—	—	—
毕业最低学分			第一课堂 173 学分、第二课堂 10 学分					

（十）课程设置与教学进程

人工智能工程技术专业通识课程设置如表 4-4 所示、专业基础课程如表 4-5 所示，专业能力模块、个性选修模块、综合实践模块设置分别如表 4-6、表 4-7、表 4-8 所示。

表 4-4　通识课程平台

课程类型		序号	课程名称	课程性质	学分	总学时	课内教学		授课方式	考核类型	各学期周学时分配							
							理论学时	实验学时			第一学年		第二学年		第三学年		第四学年	
											秋	春	秋	春	秋	春	秋	春
											14 周	16 周	18 周	15 周	17 周	16 周	16 周	16 周
通识课程平台	通识必修课程	1	思想道德与法治	必修	2.5	40	40		讲授	考试	3							
		2	中国近现代史纲要	必修	2.5	40	40		讲授	考试		3						
		3	㊫马克思主义原理	必修	2.5	40	40		讲授	考试			3					
		4	毛泽东思想和中国特色社会主义理论体系概论	必修	2.5	40	40		讲授	考试				3				
		5	习近平新时代中国特色社会主义思想概论Ⅰ	必修	1.5	24	24		讲授	考试					2			
		6	习近平新时代中国特色社会主义思想概论Ⅱ	必修	1.5	24	24		讲授	考试						2		
		7	形势与政策	必修	2	48	48		讲授	考查	每学期 8 学时							
		8	思想政治理论课社会实践	必修	2	32		32	实践	考查		1w		1w				
		9	体育Ⅰ	必修	1	32	8	24	讲授 实践	考查	2							
		10	体育Ⅱ	必修	1	32	8	24	讲授 实践	考查		2						
		11	体育Ⅲ	必修	1	32	8	24	讲授 实践	考查			2					

续表

课程类型		序号	课程名称	课程性质	学分	总学时	课内教学		授课方式	考核类型	各学期周学时分配							
											第一学年		第二学年		第三学年		第四学年	
							理论学时	实验学时			秋	春	秋	春	秋	春	秋	春
											14周	16周	18周	15周	17周	16周	16周	16周
通识课程平台	通识必修课程	12	体育Ⅳ	必修	1	32	8	24	讲授实践	考查				2				
		13	大学生心理健康教育	必修	1	16	14	2	讲授实践	考查		2						
		14	军事训练	必修	2	112	0	112	实践	考查	2w							
		15	大学生军事理论	必修	2	32	32		讲授	考查	2							
		16	劳动教育	必修	1	16	16		讲授	考查	2							
		17	公益劳动	必修	1	30		30	实践	考查			1w					
		18	㊫大学英语Ⅰ	必修	3.5	56	48	8	讲授实践	考试	4							
		19	㊫大学英语Ⅱ	必修	3.5	56	48	8	讲授实践	考试		4						
		20	大学英语Ⅲ	必修	2	32	24	8	讲授实践	考试			2					
		21	大学英语Ⅳ	必修	2	32	24	8	讲授实践	考试				2				
		22	信息技术基础	必修	2	32	16	16	讲授实践	考试	2							

续表

课程类型		序号	课程名称	课程性质	学分	总学时	课内教学		授课方式	考核类型	各学期周学时分配							
											第一学年		第二学年		第三学年		第四学年	
							理论学时	实验学时			秋	春	秋	春	秋	春	秋	春
											14周	16周	18周	15周	17周	16周	16周	16周
通识课程平台	通识必修课程	23	人工智能基础	必修	2	32	16	16	讲授实践	考试			2					
		24	大学生职业发展规划	必修	1	22	16	6	讲授	考查		2						
		25	创新创业基础	必修	2	32	28	4	讲授	考查			2					
		26	大学生就业指导	必修	1	16	12	4	讲授	考查						2		
		小计			47	932	582	350			15	13	11	7	2	4		
	通识选修课程	1	人文社科类	任选	2	32	24	8	讲授	考查								
		2	艺术与美育类	任选	2	32	24	8	讲授	考查								
		3	自然科技类	任选	2	32	24	8	讲授	考查								
		4	经济管理类	任选	2	32	24	8	讲授	考查								
		小计			6	96	72	24										
	合计				53	1 028	654	374			15	13	11	7	2	4		

表 4-5　专业基础课程平台

课程类型	序号	课程名称	课程性质	学分	总学时	课内教学		授课方式	考核类型	各学期周学时分配							
										第一学年		第二学年		第三学年		第四学年	
						理论学时	实验学时			秋	春	秋	春	秋	春	秋	春
										14 周	16 周	18 周	15 周	17 周	16 周	16 周	16 周
专业基础课程平台	1	㊫高等数学 I	必修	4	64	48	16	讲授	考试	4							
	2	㊫高等数学 II	必修	4	64	48	16	讲授	考试		4						
	3	线性代数	必修	2	32	32	0	讲授	考试			2					
	4	概率论与数理统计	必修	2	32	32	0	讲授	考试				2				
	5	★C 语言程序设计	必修	3	48	24	24	讲授实践	考试	3							
	6	电子电路基础	必修	3	48	48	0	讲授实践	考试		3						
	7	★数据结构	必修	3	48	24	24	讲授实践	考试		3						
	8	Python 程序设计基础	必修	3	48	24	24	讲授实践	考试		3						
	9	PCB 设计技术	必修	2	32	16	16	理实一体	考试			2					
	10	★㊫微控制器开发(龙芯)	必修	3	48	24	24	理实一体	考试			3					

续表

课程类型	序号	课程名称	课程性质	学分	总学时	课内教学		授课方式	考核类型	各学期周学时分配							
										第一学年		第二学年		第三学年		第四学年	
						理论学时	实验学时			秋	春	秋	春	秋	春	秋	春
										14 周	16 周	18 周	15 周	17 周	16 周	16 周	16 周
专业基础课程平台	11	★数据采集与可视化	必修	3	48	24	24	讲授实践	考试			3					
	12	计算机组成原理	必修	3	48	48	0	理实一体	考试			3					
	13	开源硬件技术	必修	2	32	16	16	讲授实践	考试				2				
	14	数字图像处理	必修	3	48	24	24	理实一体	考试				3				
	15	★㊫机器学习	必修	3	48	24	24	讲授实践	考试				3				
	16	操作系统	必修	3	48	48	0	理实一体	考试				3				
	17	★㊫深度学习	必修	3	48	24	24	讲授实践	考试					3			
	18	数据库原理与应用	必修	3	48	32	16	讲授实践	考试					3			
	合计			52	832	560	272			7	13	13	13	6	0	0	0

表 4-6　专业能力模块

课程类型		序号	课程名称	课程性质	学分	总学时	课内教学		授课方式	考核类型	各学期周学时分配							
							理论学时	实验学时			第一学年		第二学年		第三学年		第四学年	
											秋	春	秋	春	秋	春	秋	春
											14 周	16 周	18 周	15 周	17 周	16 周	16 周	16 周
专业能力模块	硬件系统开发	1	工控机互联系统开发（鸿蒙）	必修	4	64	32	32	理实一体	考试					4			
		2	★㊫传感器与通信接口开发	必修	3	48	24	24	理实一体	考试					3			
		3	★㊫实时操作系统移植	必修	3	48	24	24	理实一体	考试					3			
		4	★㊫嵌入式界面交互开发	必修	4	64	32	32	理实一体	考试						4		
		小计			14	224	112	112			0	0	0	0	10	4	0	0
	智能模型开发	1	★㊫鸿蒙应用程序开发	必修	4	64	32	32	理实一体	考试				4				
		2	★㊫图像检测与识别	必修	4	64	32	32	理实一体	考试					4			
		3	★㊫自然语言处理	必修	4	64	32	32	理实一体	考试						4		
		小计			12	192	96	96			0	0	0	4	4	4	0	0
	合计				26	416	208	208			0	0	0	4	14	8	0	0

表 4-7 个性选修模块

课程类型			序号	课程名称	课程性质	学分	总学时	课内教学		授课方式	考核类型	各学期周学时分配							
												第一学年		第二学年		第三学年		第四学年	
								理论学时	实验学时			秋	春	秋	春	秋	春	秋	春
												14 周	16 周	18 周	15 周	17 周	16 周	16 周	16 周
个性选修模块	专业方向课程	智能工业软件	1	工业机器视觉	限选	2	32	16	16	讲授实践	考查						2		
			2	工业大模型	限选	2	32	16	16	讲授实践	考查						2		
			3	工业智能软件开发	限选	2	32	16	16	讲授实践	考查						2		
		智能硬件系统	1	智能硬件产品设计	限选	2	32	16	16	讲授实践	考查						2		
			2	硬件系统智能部署	限选	2	32	16	16	讲授实践	考试						2		
			3	智能硬件产品测试运维	限选	2	32	16	16	讲授实践	考查						2		
	小计					6	96	48	48								6		
	专业拓展课程	新技术与跨学科课程	1	云计算基础	任选	2	32	16	16	讲授实践	考查							2	
			2	工业机器人技术	任选	2	32	16	16	讲授实践	考查							2	
			3	物联网应用开发	任选	2	32	16	16	讲授实践	考查							2	

续表

课程类型			序号	课程名称	课程性质	学分	总学时	课内教学		授课方式	考核类型	各学期周学时分配							
								理论学时	实验学时			第一学年		第二学年		第三学年		第四学年	
												秋	春	秋	春	秋	春	秋	春
												14 周	16 周	18 周	15 周	17 周	16 周	16 周	16 周
个性选修模块	专业拓展课程	职业技能训练课程	1	软件工程	任选	2	32	16	16	讲授实践	考查							2	
			2	信息安全技术	任选	2	32	16	16	讲授实践	考查							2	
			3	计算机网络	任选	2	32	16	16	讲授实践	考查							2	
			4	鸿蒙大模型应用	任选	2	32	16	16	讲授实践	考查							2	
			5	鸿蒙智能系统设计开发	任选	2	32	16	16	讲授实践	考查							2	
			6	鸿蒙智能系统测试运维	任选	2	32	16	16	讲授实践	考查							2	
			7	人工智能相关证书考试训练	任选	2	32	16	16	讲授实践	考查							2	
	小计					6	96	48	48			0	0	0	0	0	6	6	0
	合计					12	192	96	96			0	0	0	0	0	6	6	0

表 4-8　综合实践模块

项目类别		名称	课程性质	学分	学年	学期安排	开设周次	成果形式	场所
校内实训		专业基础技能实训	必修	2	第一学年	夏季	1～2	真实产品	学校
项目实践	课程项目	单片机 C 程序开发项目	必修	1	第一学年	秋季	18	软件源码、实习报告	学校
		数据采集软件开发项目	必修	1	第二学年	秋季	16	项目文档、实习报告	学校
		模型发布部署实践	必修	1	第三学年	秋季	16	项目文档、实习报告	学校
		智能系统综合实践	必修	1	第四学年	秋季	18	项目文档、实习报告	学校
	课程群项目	智能数据处理工程实践	必修	2	第二学年	夏季	1～2	项目文档、真实产品	学校/企业
		智能硬件集成工程实践	必修	2	第二学年	夏季	3～4	项目文档、实习报告	学校/企业
		智能语音识别工程实践	必修	2	第三学年	夏季	1～2	项目文档、实习报告	学校/企业
		智能网联系统工程实践	必修	2	第三学年	夏季	3～4	真实产品	学校/企业
	专业项目	入门项目/认识实习	必修	2	第一学年	夏季	3～4	报告	学校/企业
		㊫毕业设计（论文）	必修	10	第四学年	春季	5～16	论文/真实产品	企业
		毕业实习	必修	4	第四学年	春季	1～4	实习报告	企业
合计				30					

（十一）实施保障

实施保障主要包括师资队伍、实验实训条件、教学资源、质量保障。

1. 师资队伍

（1）队伍结构

本专业专任教师 15 人，学生数与本专业专任教师数比例为 14.5：1，“双师”占比为 86.7%，3 人具有教授职称，7 人具有副教授职称，高级职称占比为 66.7%，具有博士学位的有 3 人、硕士学位的有 12 人，博士学位占比为 20%。能够整合校内外优质人才资源，选聘企业高级技术人员担任产业导师，组建校企合作、专兼结合的教师团队，建立定期开展专业（学科）教研机制。

（2）专任教师

专任教师中，河北省电子信息行业技术能手 5 名，一级/高级技师 2 名，高级考评员 2 名，红帽 RHCA 顶级认证 1 人，华为 HCIE 顶级认证 3 人，华为认证讲师 7 名，“李保国式”教师 1 名，技术服务专家 2 名。

专任教师均具有高校教师资格；具有良好的师德，爱岗敬业，遵纪守法；具有计算机等相关专业研究生及以上学历；具有本专业扎实的相关理论功底和实践能力；能够落实课程思政要求，挖掘专业课程中的思政教育元素和资源；能够运用信息技术开展混合式教学等教法改革；能够跟踪新经济、新技术发展前沿，开展技术研发与社会服务；专业教师每年至少 1 个月在企业或实训基地实训，每 5 年累计不少于 6 个月的企业实践经历。

（3）专业带头人

具有本专业副高及以上职称，职教本科专业国家教学标准研制组副组长、国家职教本科计算机类教学实训标准研制组成员、河北省科技进步三等奖、河北省教学成果二等奖、河北省电子信息行业技术能手，主持教育部就业育人项目两项。能够较好地把握国内外软件和信息技术服务、互联网和相关服务行业专业发展，能广泛联系行业企业，了解行业企业对本专业人才的实际需求，主持专业建设、教学改革工作，教科研工作和社会服务能力强，在本区域或本领域具有一定的专业影响力。

（4）兼职教师

从本专业相关行业企业的技能大师、劳动模范、能工巧匠等高技能人才中聘任兼职教师 7 人，具有坚实的专业知识和丰富的实际工作经验，具有中级及以上相关专业技术职称，了解教育教学规律，能承担专业课程教学、实习实训指导和学生职业发展规划指导等实质性教学任务。本专业所有兼职教师所承担的教学任务授课课时占专业课总课时的 21%，并建立专门针对兼职教师聘任与管理的具体实施办法。

2. 实验实训条件

实验实训条件主要包括能够满足正常的课程教学、实习实训所必需的专业教室、实训室和实训基地。

（1）专业教室基本条件

具备利用信息化手段开展混合式教学的条件。一般配备黑（白）板、多媒体计算机、投影设备、音响设备，具有互联网接入或无线网络环境及网络安全防护措施。安装应急照明装置并保持良好状态，符合紧急疏散要求，安防标志明显，保持逃生通道畅通无阻。

实验和实训场所的面积充足、安全性高且环境舒适，确保能够顺利进行实验和实训教学活动。实验和实训设施先进齐备，包括虚拟仿真实训场景等现代化设备，能够全面满足教学需求。实验和实训指导教师专业素质高，具备丰富的实践经验，能够胜任人工智能模型训练、智能产品开发等各类实验实训活动的指导工作。实验实训的管理及实施规章制度完善，涵盖实验室使用管理、安全操作规程和设备维护等方面，确保活动有序进行并保障师生安全。此外，与国内外高校、科研机构及企业开展合作，实现资源共享，开展联合实验和实训项目，进一步提升实验实训的广度和深度。

（2）校内实训室（基地）基本要求

①人工智能模型训练实训室

配备 PC 台式机（或云桌面）、一体机、多媒体中控台、投影仪、无线投屏器、投影幕、电脑桌椅、交互式电子白板等设备（设施），配备大型模型训练服务器（思腾合力）、软件实验管理平台等相关软件，用于机器学习、深度学习、数据采集与可视化、数字图像处理、机器视觉应用开发、语音识别与自然语言处理、

AIGC 大模型应用开发等课程，以及数据采集软件开发、模型发布部署实践等实训教学。

②信创鸿蒙实训室

配备 PC 台式机（或云桌面）、一体机、多媒体中控台、投影仪、无线投屏器、投影幕、电脑桌椅、交互式电子白板、鸿蒙智能平板，配备人工智能模型库、鸿蒙软件资源库、软件实验管理平台等相关软件，用于 ArtTS 程序设计鸿蒙应用软件开发、工控机互联系统开发、鸿蒙智能软件开发、鸿蒙智能软件架构设计、鸿蒙智能系统测试运维等课程，以及智能化数据处理工程实践、智能语音客服工程实践等实训教学。

③智能硬件实训室

配备计算机（或云桌面）、服务器、交换机、网络机柜、多媒体中控台、投影仪等设备，配备嵌入式网关、焊接桌、焊接套件、龙芯开发箱、传感器套件、电源插座等设备，配备龙芯硬件开发环境及资源库、软件实验管理平台等相关软件，主要对微处理器开发（龙芯）、开源硬件开发、传感器与通信接口开发、实时操作系统、嵌入式界面交互开发等课程，以及单片机 C 程序开发项目、嵌入式系统集成工程实践等实训项目，开展理实一体化教学。

④工业智能软件实训室

配备计算机（或云桌面）、服务器、交换机、网络机柜、多媒体中控台、投影仪、高端嵌入式开发箱、传感器套件及电源插座等设备，配备模型部署环境及资源库、软件实验管理平台等相关软件，开展嵌入式人工智能部署、微处理器开发、嵌入式操作系统移植等课程，以及智能网联系统工程等实践项目，开展理实一体化教学。

⑤机器视觉实训室

配备计算机（或云桌面）、服务器、交换机、网络机柜、多媒体中控台、投影仪等设备，配备机器视觉开发平台，开展数字图像处理、图像检测与识别、工业机器视觉等课程，开展理实一体化教学。

⑥智能系统综合应用实训室

配备 PC 台式机（或云桌面）、一体机、多媒体中控台、投影仪、无线投屏器、投影幕、电脑桌椅、交互式电子白板等设备，配备智能系统开发平台（东软），开展智能系统综合实践等课程，开展理实一体化教学。

(3) 校外实训(实习)基地

与华为技术有限公司、北京百度网讯科技有限公司、成都百科荣创科技有限公司、北京智谷星图科技有限公司、美林数据技术股份有限公司、邢台海裕锂能电池设备有限公司等70余家企业组建校外实训基地，能够提供开展人工智能工程技术专业相关实训活动，实训设施齐备，实训岗位、实训指导教师充足，实训管理及实施规章制度齐全。将产业先进技术、产业优秀文化、产业发展需求融入教育教学全过程，促进教育链、专业链、人才链与产业链、创新链、需求链有机衔接。

(4) 支持信息化教学方面

①人工智能实验教学平台：实训中心部署有华为人工智能认证实验平台以及两个数字化虚拟云平台系统，可同时供人工智能工程技术专业500人(4 000台虚拟机)训练学习。具有利用数字化教学资源库、文献资料、常见问题解答等信息化条件。引导、鼓励教师开发并利用信息化教学资源、教学平台，创新教学方法、提升教学效果。

②省级"教学资源库"：遵循"一体化设计、结构化课程、颗粒化资源"的建构逻辑，服务人工智能产业高素质技术技能人才培养培训，坚持"育训结合、能学辅教；共建共享、纵向贯通；供需同频，持续更新"的原则，打造一流专业资源，健全共建共享机制，强化资源库，提升职业教育产业含量及技术含量，培养学生可持续的核心竞争力。

3. 教学资源

教材选用基本要求：

(1) 按照国家规定，经过规范程序选用教材，优先选用国家规划教材和国家优秀教材。专业课程教材应体现本行业新技术、新规范、新标准、新形态，并通过活页式教材等多种方式进行动态更新。

(2) 图书文献配备基本要求

图书文献配备能满足人才培养、专业建设、教科研等工作的需要。专业类图书文献主要包括有关电子信息行业的政策法规、职业标准，有关人工智能工程的技术、方法、操作规范以及实务案例类图书。及时配置新经济、新技术、新工艺、新材料、新管理方式、新服务方式等相关的图书文献。

(3) 数字教学资源配置基本要求

建设、配备与本专业有关的课程标准、音视频素材、教学课件、数字化教学案例库、实训项目库、虚拟仿真软件、数字教材等专业教学资源库，种类丰富、形式多样、使用便捷、动态更新、满足教学。

4. 质量保障

(1) 建立专业人才培养质量保障机制，健全专业教学质量监控管理制度，改进结果评价，强化过程评价，探索增值评价，吸纳行业组织、企业等参与评价，并及时公开相关信息，接受教育督导和社会监督，健全综合评价。完善人才培养方案、课程标准、课堂评价、实验教学、实习实训、毕业设计以及资源建设等质量标准建设，通过教学实施、过程监控、质量评价和持续改进，达到人才培养规格要求。

(2) 完善教学管理机制，加强日常教学组织运行与管理，定期开展课程建设、日常教学、人才培养质量的诊断与改进，建立健全巡课、听课、评教、评学等制度，建立与企业联动的实践教学环节督导制度，严明教学纪律，强化教学组织功能，定期开展公开课、示范课等教研活动。

(3) 建立集中备课制度与科研分享制度，定期召开教学研讨会议，利用评价分析结果有效改进教学，持续提高人才培养质量。

(4) 建立毕业生跟踪反馈机制及社会评价机制，并对生源情况、职业道德、技术技能水平、就业质量等进行分析，定期评价人才培养质量和培养目标达成情况。

人才培养方案课程地图(即课程体系拓扑图)，详见图 4-1。教学环节进度(本科)，详见表 4-9。第二课堂模块，详见表 4-10。

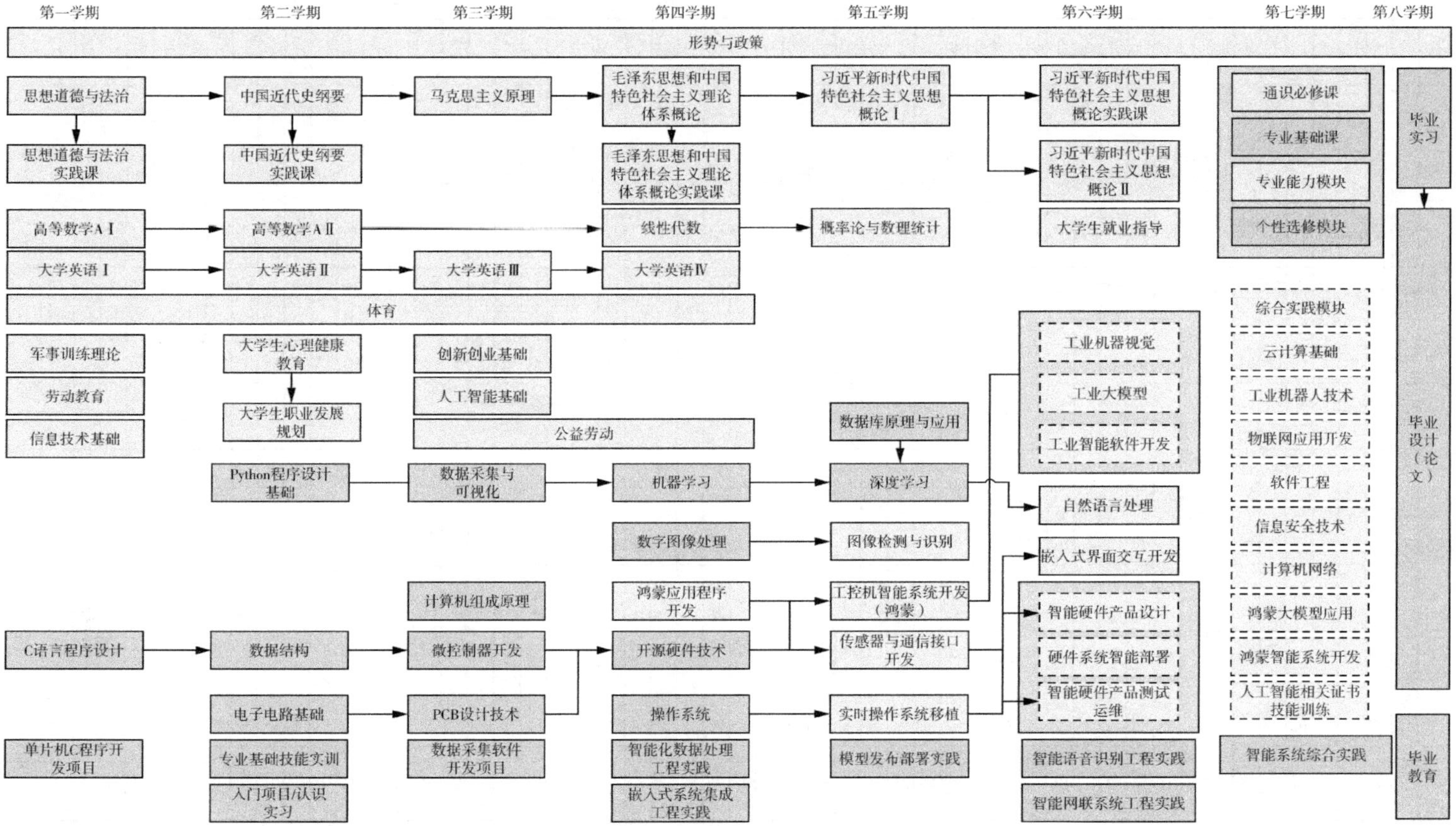
第一学期
第二学期
第三学期
第四学期
第五学期
第六学期
第七学期
第八学期
形势与政策
思想道德与法治
中国近代史纲要
马克思主义原理
毛泽东思想和中国特色社会主义理论体系概论
习近平新时代中国特色社会主义思想概论Ⅰ
习近平新时代中国特色社会主义思想概论实践课
思想道德与法治实践课
中国近代史纲要实践课
毛泽东思想和中国特色社会主义理论体系概论实践课
习近平新时代中国特色社会主义思想概论Ⅱ
高等数学AⅠ
高等数学AⅡ
线性代数
概率论与数理统计
大学生就业指导
大学英语Ⅰ
大学英语Ⅱ
大学英语Ⅲ
大学英语Ⅳ
体育
军事训练理论
劳动教育
信息技术基础
大学生心理健康教育
大学生职业发展规划
创新创业基础
人工智能基础
公益劳动
通识必修课
专业基础课
专业能力模块
个性选修模块
毕业实习
毕业设计（论文）
毕业教育
Python程序设计基础
数据采集与可视化
机器学习
数据库原理与应用
深度学习
工业机器视觉
工业大模型
工业智能软件开发
自然语言处理
数字图像处理
图像检测与识别
嵌入式界面交互开发
计算机组成原理
鸿蒙应用程序开发
工控机智能系统开发（鸿蒙）
智能硬件产品设计
硬件系统智能部署
智能硬件产品测试运维
C语言程序设计
数据结构
微控制器开发
开源硬件技术
传感器与通信接口开发
电子电路基础
PCB设计技术
操作系统
实时操作系统移植
单片机C程序开发项目
专业基础技能实训
数据采集软件开发项目
智能化数据处理工程实践
模型发布部署实践
智能语音识别工程实践
入门项目/认识实习
嵌入式系统集成工程实践
智能网联系统工程实践
综合实践模块
云计算基础
工业机器人技术
物联网应用开发
软件工程
信息安全技术
计算机网络
鸿蒙大模型应用
鸿蒙智能系统开发
人工智能相关证书技能训练
智能系统综合实践

图 4-1 课程体系拓扑图

表 4-9　教学环节进度表(本科)

(2024 年 9 月 8 日—2028 年 6 月 17 日)

学年＼周次	1	2	3	4	5	6	7	8	9	10	11	12	13	14	15	16	17	18	19	20	21	22	23	24	25	26
Ⅰ	11 17	18 24	25 31	1 九 7	8 14	15 21	22 28	29 十 5	6 12	13 19	20 26	27 十一 2	3 9	10 16	17 23	24 30	1 十二 7	8 14	13 21	22 28	29 一 25 4	5 11	12 18	19 25	26 二 1	2 8
				报到	▲	▲							14								○	×	∴	∴	春节	∴
Ⅱ	10 16	17 23	24 30	31 九 6	7 13	14 20	21 27	28 十 4	5 11	12 18	19 25	26 十一 1	2 8	9 15	16 22	23 29	30 十二 6	7 13	14 20	21 27	28 一 26 3	4 10	11 17	18 24	25 31	1 二 7
	∴	∴	∴	∴								18											○	×	∴	∴
Ⅲ	9 15	16 22	23 29	30 九 5	6 12	13 19	20 26	27 十 3	4 10	11 17	18 24	25 31	1 十一 7	8 14	15 21	22 28	29 十二 5	6 12	13 19	20 26	27 一 27 2	3 9	10 16	17 23	24 30	31 二 6
	∴	∴	∴	∴								17										○	×	∴	∴	春节
Ⅳ	8 14	15 21	22 28	29 九 4	5 11	12 18	19 25	26 十 2	3 9	10 16	17 23	24 30	31 十一 6	7 13	14 20	21 27	28 十二 4	5 11	12 18	19 25	26 一 28 1	2 8	9 15	16 22	23 29	30 二 5
	∴	∴	∴	∴								16									○	×	∴	∴	春节	∴

学年＼周次	27	28	29	30	31	32	33	34	35	36	37	38	39	40	41	42	43	44	45	46	47	48	49	50	51	52
Ⅰ	9 15	16 22	23 三 1	2 8	9 15	16 22	23 29	30 四 5	6 12	13 19	20 26	27 五 3	4 10	11 17	18 24	25 31	1 六 7	8 14	15 21	22 28	29 七 5	6 12	13 19	20 26	27 八 2	3 9
	∴								16									○	○	○	○	×	∴	∴	∴	∴
Ⅱ	8 14	15 21	22 28	1 三 7	8 14	15 21	22 28	29 四 4	5 11	12 18	19 25	26 五 2	3 9	10 16	17 23	24 30	31 六 6	7 13	14 20	21 27	28 七 4	5 11	12 18	19 25	26 八 1	2 8
	∴	春节	∴										15						○	○	○	○	×	∴	∴	∴
Ⅲ	7 13	14 20	21 27	28 三 6	7 13	14 20	21 27	28 四 3	4 10	11 17	18 24	25 1	2 五 8	9 15	16 22	23 29	30 六 5	6 12	13 19	20 26	27 七 3	4 10	11 17	18 24	28 八 31	1 7
	∴	∴								16									○	○	○	○	×	∴	∴	∴
Ⅳ	6 12	13 19	20 26	27 三 4	5 11	12 18	19 25	26 四 1	2 8	9 15	16 22	23 29	30 五 6	7 13	14 20	21 27	28 六 3	4 10	11 17	18 24	25 七 1	2 8				
	∴	△	△	△	△	‖	‖	‖	‖	‖	‖	‖	‖	‖	‖	‖	‖	◉	◉							

符号说明:考试×,专业实习、实训○,毕业设计、课程设计‖,毕业答辩◉,军训▲,假期∴

表 4-10　第二课堂列表

模块名称	项目说明	备注
思政素养	参与主题团日活动、思想引领类相关赛事、思想政治理想信念主题报告会、学生骨干培训、“青马工程”培训班等	由学生处、团委审核认定
创新创业实践	参与人工智能前沿知识讲座与培训； 参与专利、论文、课题申报等讲座； 参与大学生创业实践； 参与系部认定的科研团队； 作品参赛； 发表人工智能专业相关论文、软件著作权与专利； 申报大学生科技类课题； 参与技术服务等	由系部明确项目清单、审核认定
竞赛活动	信息技术类技能大赛； 中国国际大学生创新大赛； TRIZ 杯大学生创新方法大赛； 信息技术类学科竞赛	由系部明确项目清单、审核认定
体育锻炼	通过体质健康测试	由体工部组织及认定
	参加体育类竞赛、日常校园体育活动	
文艺活动	信息系演讲、朗诵、辩论等比赛； 信息系书法、绘画、摄影等作品大赛； 信息系田径运动会； 信息系篮球、足球、羽毛球等联赛； 信息系曲艺、歌唱、才艺展示等大赛； 信息系元旦晚会等； 参加文化艺术类讲座、公益演出	由系部明确项目清单、审核认定
社会实践	参与校内外实训基地和工作室项目实践、暑假社会实践活动、志愿者服务、公益劳动等	由系部组织及认定

注：学生在校期间需获得 10 个以上第二课堂学分方可毕业。

二、主要课程及实践教学环节

（一）专业基础课程

1. C 语言程序设计

主要学习掌握 C 语言的基本数据类型、三种基本语句、数组、函数、指针、结构体和文件等知识；能够编写有一定规模的应用程序，养成良好的编程习惯，会使用断点调试、单元测试、日志、质量管理工具提高代码的质量。

2. 电子电路基础

本课程将涵盖数字电路、模拟电路、电子元器件、电路图等内容，旨在培养学生的嵌入式电路图分析能力。通过本课程的学习，学生将掌握嵌入式电路图识图的基本技能，能够识别常见嵌入式电路图中元器件并分析出元器件在电路中发挥的作用。同时，本课程也将培养学生的逻辑思维和问题解决能力，为其未来在嵌入式开发和电路板排障应用方面打下坚实基础。

3. 数据结构

主要学习掌握线性表、树、图等基本数据结构的逻辑关系、存储结构及基本算法，掌握查找和排序算法，具备解决复杂工程问题的算法理论基础。在学习和理解基本数据结构特性、基本算法的基础上，能够运用这些知识对工程问题进行分析、建模和求解。能够通过算法设计过程的分析、时间与空间复杂度的分析，论证解决方案的合理性。培养学生使用数据结构和算法解决问题的能力，使学生对计算机处理问题有整体的了解，为后续智能系统的开发实践课程提供支撑技能。

4. Python 程序设计基础

主要学习掌握 Python 语言的语法，能够深入理解 Python 语言机制，掌握 Python 语言面向对象编程的特点；掌握 Python 标准库中基本的 API，掌握在列表、字典、集合、多线程、文件操作、图形用户界面、网络编程等方面的应用；能够编写具有一定规模的应用程序，养成良好的编程习惯，会使用代码重构、设计模式、单元测试（如 pytest）、日志记录（如 logging 模块）和质量管理工具（如 Pylint）来提升代码的质量。

5. PCB 设计技术

主要学习 PCB 设计的基本原理、设计流程与规范，掌握 PCB 设计软件的操作技巧。通过本课程的学习，学生将具备独立完成 PCB 设计项目的能力，包括电路原理图设计、PCB 布局布线、设计规则检查、仿真验证及生产文件输出等。同时，能够解决 PCB 设计过程中遇到的实际问题，提升设计效率与质量。

6. 微控制器开发（龙芯）

主要学习微控制器 IO、中断、定时器、ADC、DAC、DMA 等知识，使学生深入理解微控制器的工作机制，掌握嵌入式系统的设计与开发流程，具备独立设计并实现基于微控制器的硬件与软件系统的能力。

7. 数据采集与可视化

主要学习掌握使用 Python 完成爬虫任务编写，使用 Requests 库向指定网址发送请求，Xpath 或 Beautiful Soup 库对静态网页进行解析，Selenium 库爬取动态页面；使用 JSON 文件、SQL Server 数据库、MongoDB 数据库对爬取下来的数据进行存储；使用表单登录方法、Cookie 登录方法实现模拟登录；使用 HTTP Analyzer 和 Fiddler 工具抓包，分析终端协议；掌握使用 Scrapy 框架进行网页内容爬取，掌握 Matplotlib 和 Echarts 进行可视化绘图，理论结合实践。课程旨在培养学生的逻辑思维和抽象思维能力，提高他们分析问题和解决问题的能力，为学生将来从事数据采集、数据爬取和可视化分析工作奠定基础。

8. 开源硬件开发

主要学习开源硬件平台的硬件架构、接口规范、开发环境等知识，使学生能够深入理解开源硬件的工作原理和开发流程，能够编写和调试开源硬件的固件和应用程序，具备在开源硬件平台上构建和部署嵌入式系统的能力。

9. 数字图像处理

主要学习掌握使用 OpenCV 进行图像的基本运算、绘图与交互、颜色与几何变换、阈值处理、图像增强与复原、形态学处理、图像梯度求取、图像轮廓求取等基本处理；具备解决复杂图像处理问题的理论基础，并具备一定的将各种图像处理算法进行综合应用的能力，为机器视觉应用开发和高级计算视觉课程奠定基础。

10. 机器学习

理解机器学习的基本概念和算法，理解机器学习的基本概念和理论知识。掌握各种机器学习算法，学会最基本的应用，培养、训练学生选用合适的算法和调参能力，利用 Python 来完成对机器学习算法的实现；掌握机器学习工程化实施过程，能够自主完成项目的实战；培养学生分析问题、解决问题的能力，为后续课程的学习打下良好的理论基础和实践基础。

11. 深度学习

主要学习掌握一种深度学习编程框架，能在该框架下进行数据加载与预处理，构建网络、训练网络、性能评估等。掌握卷积神经网络的基本原理，能够设计并编程实现卷积神经网络解决实际问题。掌握循环神经网络的基本原理，能够设计并编程实现循环神经网络处理自然语言理解中的一些问题。理解生成对抗网络的基本原理，能够设计并编程实现生成对抗网络自动生成目标样本。详细拆解图像识别、文本生成、图像风格转换三个实际案例，将理论与实践相结合，为将来从事深度学习相关的模型开发工作奠定基础。

12. 数据库原理与应用

主要学习掌握数据库基础知识及关系数据库的原理和设计概念，SQL Server 的安装与服务配置，数据库的创建以及分离、备份、导入、导出等管理操作，数据表的创建以及数据字段、关键字段、外键等设计，数据的增删改查基本操作以及数据排序合并等计算方法，数据视图的创建以及应用，存储过程与触发器的设计和应用，SQL Server 安全管理，页面导航功能的实现。培养学生设计和使用数据库的基本技能，为后续智能软件系统开发的学习奠定基础。

（二）专业课程

1. 传感器与通信接口开发

主要学习 IIC、OneWire、SPI 和串口通信等通信接口协议以及使用这些接口的传感器开发；通过本课程的学习，学生将掌握基本的传感器技术文档的阅读能力、常用通信接口的开发能力，具备初步的嵌入式传感器部署和开发能力。

2. 实时操作系统移植

主要学习实时操作系统的 RTOS 基础理论、任务调度与优先级管理、内存管理、任务同步与通信、中断处理、实时性分析、实时开发工具与调试等知识。通过本课程的学生，学生深入理解实时操作系统的原理、特点和应用场景，掌握 RTOS 开发的基本技能，包括任务调度、内存管理、任务同步与通信等。具备在 RTOS 环境下进行嵌入式系统开发的能力，能够独立完成项目的设计、编码、调试和测试工作，能够对 RTOS 系统进行性能分析和优化，以满足实时性要求。

3. 嵌入式界面交互开发

主要学习 LVGL(Light and Versatile Graphics Library)部件与组件、布局与样式、事件处理与交互、图层与动画等知识。通过本课程的学习，学生深入理解 LVGL 的架构和设计理念，掌握 LVGL 开发方法和技巧，熟练使用 LVGL 提供的各种部件和组件，能够构建出功能丰富、界面美观的嵌入式图形用户界面。具备在嵌入式系统中进行图形用户界面开发的能力，能够独立完成项目的设计、编码、调试和测试工作。

4. 鸿蒙应用程序开发

主要学习鸿蒙开发环境与工具、开发语言 ArkTS、界面控件、布局管理器和高级界面控件、事件处理机制、Ability 的生命周期、Page Ability 间的数据传输和日志等知识。学生通过学习本课程，将掌握鸿蒙应用开发的基本流程和工具，具备使用鸿蒙开发框架和组件构建应用程序的基础能力。

5. 工控机互联系统开发(鸿蒙)

主要学习以鸿蒙为操作系统的工控机多线程、网络编程、传感器开发，用于无线通信的传感器开发以及移动互联系统的协议设计等知识。通过本课程的学习，学生能够在移动端远程控制传感器，具备物联网场景下的智能 APP 控制实现能力。

6. 图像检测与识别

主要学习掌握人脸检测与识别，OCR 识别，目标检测（YOLO、SSD、Faster R-CNN）、语义分割、实例分割、姿态估计等计算机视觉基础算法，以及三维视觉 3D 重建、深度估计、3D 点云处理等基本概念和相关算法。详细拆解学习零件自动分拣、实时工业钢材缺陷检测和视觉 SLAM 建图三个实际案例，将理论与实践相结合，为将来从事智能视觉系统开发工作奠定基础。

7. 自然语言处理

主要学习掌握使用 Python 进行分词与词性标注、命名实体识别、关键词提取、文本向量化、文本相似度计算、文本分类与聚类，NLP 中的深度学习技术；掌握语音识别算法应用，包括预处理（滤波、去噪等）、特征提取（如 MFCC、LPCC）、模型训练（如 HMM、GMM、DNN）和识别过程等；详细拆解学习情感分类、文本分类、智能问答系统和智能语音助手等实际案例，将理论与实践相结合，为将来从事 NLP 和语音智能系统开发工作奠定基础。

（三）实践环节

1. 课程项目共有四部分内容，分别是单片机 C 程序开发项目、数据采集软件开发项目、模型发布部署实践、鸿蒙智能软件综合实践，其中单片机 C 程序开发项目开设在第一学年秋季学期，数据采集软件开发项目安排在第二学年的秋季学期，模型发布部署实践安排在第三学年的秋季学期，鸿蒙智能软件综合实践安排在第四学年的秋季学期。这些项目均由学生在相关企业与企业真实项目一起进行，共计 4 周，主要培养学生嵌入式软件开发、数据采集分析、模型发布部署、智能软件开发等专业能力和职业素养。

2. 课程群项目由智能化数据处理工程实践、嵌入式系统集成工程实践、智能语音客服工程实践、智能网联系统工程实践构成，在校内实训基地完成。其中，智能化数据处理工程实践是培养学生掌握数据采集与模型应用的综合能力，端正严谨认真的职业态度；嵌入式系统集成工程实践主要是培养学生掌握多种类嵌入式平台的集成开发能力，提升学生严谨认真态度的职业素养；智能语音客服工程实践主要是培养学生语音识别、自然语言处理与鸿蒙应用软件的综合应用能力，提升学生行业规范意识的职业素养；智能网联系统工程实践主要是培养学生对智能汽车特定领域的应用能力，提升学生解决实际项目问题的职业素养。

3. 毕业设计(论文)的教学过程是实现本科培养目标要求的重要阶段。其基本任务是培养学生综合运用所学的基础理论、基本知识和基本技能分析、解决工程或科研实际问题的能力。其目的是提高学生的综合素质，培养学生的创新精神和实践能力。

相关核心课程标准见附录。

附　录

附录一 《PCB 设计技术》课程标准

课程名称:《PCB 设计技术》　　课程学时:32

课程学分:2 学分　　授课对象:本科二年级

课程类型:专业基础课　　归口教研室:人工智能教研室

所属专业:人工智能工程技术

一、课程定位

《PCB 设计技术》是人工智能工程技术专业的专业基础课程,处于基础课程和后续实践及综合课程之间,用于衔接理论与实际应用。主要学习 PCB 设计的基本原理、设计流程与规范,掌握 PCB 设计软件的操作技巧。通过本课程的学习,学生将具备独立完成 PCB 设计项目的能力,包括电路原理图设计、PCB 布局布线、设计规则检查、仿真验证及生产文件输出等。同时,能够解决 PCB 设计过程中遇到的实际问题,提升设计效率与质量。本课程共 32 学时,前修课程是《电子电路基础》,后续课程是《开源硬件技术》《传感器与通信接口开发》等。

二、课程目标

学完《PCB 设计技术》课程后,学生具备印制电路板设计与绘制的基础知识和操作技能,熟练掌握电子元器件的特性和参数,能够根据电路原理图进行 PCB 布局设计,包括元器件的摆放和连线,生成符合工业标准的 PCB 设计文件,进行生产加工。逐步具备良好的团队合作意识和沟通能力,能够与硬件工程师、生产人员等有效沟通合作;形成优良的职业道德意识和职业技能素质,能够在学习和工作中发现问题、分析问题和解决问题。具体应达到以下目标。

(一) 知识目标

(1) Altium Designer 的环境设置与基本用法；

(2) 原理图工程创建、元件库管理；

(3) 设计和绘制电路原理图；

(4) 元器件原理图设计与绘制；

(5) 电路原理图的编译与修改；

(6) 元器件封装的设计与绘制；

(7) PCB 自动规划与环境参数设置；

(8) PCB 布线规则和交互式布线技术；

(9) PCB 的错误检测与优化；

(10) PCB 设计规则检测；

(11) 覆铜优化和 GND 网络优化技术。

(二) 技能目标

(1) 熟练使用 Altium Designer 软件进行原理图与 PCB 设计，包括创建项目、绘制原理图、进行布局设计和进行布线等操作。

(2) 能够利用 Altium Designer 中的元器件库，选择合适的元器件并进行引脚映射和参数设置。

(3) 能够进行 PCB 布局设计，包括元器件合理摆放、引脚连接和走线规划。

(4) 能够进行差分对、匹配阻抗、信号完整性等高级布线技术的应用。

(5) 能够将原理图转换为 PCB 布局图，并进行元器件映射和布局规划。

(6) 能够生成符合工业标准的 Gerber 文件和 BOM 表，以便进行生产制造。

(7) 能够进行 PCB 的走线和铺铜操作，掌握相关优化技术。

(8) 能够进行 PCB 设计中的版本控制和团队协作，提高设计效率和质量。

(9) 能够进行 PCB 设计中的仿真和分析，如 SI/PI 仿真、热分析等。

(10) 能够解决 Altium Designer 软件操作中遇到的常见问题和错误，具备自主学习和探索能力。

(三) 素质目标

(1) 能够从个案中找到共性,总结规律,积累经验。

(2) 能够理论实践相结合,自主学习能力提高。

(3) 熟练掌握 Altium Designer 软件的常见快捷操作和各类工具。

(4) 能够追寻并自主学习新技术、新知识,并与人分享。

(5) 具有逻辑思维能力、分析和解决问题的能力。

(6) 具有团队意识和合作能力。

(7) 具有运用 PCB 技术解决工业实际问题的能力。

(8) 具有良好的心理素质和克服困难的能力。

三、课程结构

课程结构涵盖三大板块:理论知识,包含 PCB 基本结构、元件封装、设计软件操作及制造工艺等基础知识;实践操作,着重进行原理图绘制、元件布局、布线及设计规则检查等实际设计流程训练;行业规范介绍,帮助学生了解 PCB 在消费电子、工业控制、汽车电子等领域的特殊要求。具体课程结构如附表 1-1 所示。

附表 1-1　课程结构一览表

模块		学时
模块一	绘制稳压电源电路原理图	4
模块二	绘制照明电路原理图	6
模块三	设计稳压电源单面 PCB	6
模块四	设计照明电路双面 PCB	8
模块五	设计单片机电路双面 PCB	8

四、课程内容

依据 PCB 设计岗位典型工作内容，在校企合作下按实用性、典型性、普适性原则设计了 5 大学习模块。各模块依工作内容细分为多个子任务，每个子任务都有特定学习内容，并明确了知识点与技能点的产出标准。每个学习任务都是按照“创设任务学习情境—学习相关知识技能—完成专项任务训练—拓展巩固学习效果”的模式进行组织，实施任务导向式教学。课程内容如附表 1-2 所示。

附表 1-2　课程内容一览表

模块	学习任务	学习内容	学习目标
绘制稳压电源电路原理图	Altium Designer 2014 系统参数设置	1. AD 软件安装与配置； 2. 建立工程项目； 3. 项目目录结构与文件说明	1. 成功安装并配置好 AD 软件，能够正常运行并进行后续的项目开发； 2. 成功建立一个新的工程项目，并将相关文件和文档添加到项目中； 3. 建立清晰的工程项目目录结构，并提供相应的文件说明文档，能够有效管理和查找项目中的文件和文档
	元器件库管理与稳压电源电路原理图绘制	1. 原理图工作环境设置； 2. 元器件库基本使用； 3. 原理图设计与绘制； 4. 编译检测与修改原理图	1. 能顺利完成原理图工作环境设置； 2. 能够方便地检索和应用于原理图设计中； 3. 熟练完成基本的原理图设计与绘制，准确表达电路连接关系和功能逻辑； 4. 成功编译原理图，解决并修改所有的错误和警告
	实战项目一：绘制实用门铃电路图	1. 元器件选取； 2. 电路原理图设计； 3. 电路原理图绘制	1. 正确进行元器件的选取； 2. 合理设计电路； 3. 在 AD 上正确绘制项目的电路原理图
	实战项目二：绘制红外对射电路原理图	1. 元器件选取； 2. 电路原理图设计； 3. 电路原理图绘制	1. 正确进行元器件的选取； 2. 合理设计电路； 3. 在 AD 上正确绘制项目的电路原理图

续表

模块	学习任务	学习内容	学习目标
绘制照明电路原理图	软件内置元器件库管理	1. 抽取内置元器件库； 2. 元器件符号构成； 3. 自定义元器件符号； 4. 元器件原理图设计	1. 能从内置元器件库中准确抽取所需的元器件； 2. 能够正确识别和理解元器件符号的含义； 3. 成功创建自定义元器件符号，并能够在原理图设计中使用和编辑； 4. 成功完成元器件原理图设计，确保元器件连接正确、参数设置准确，并具备清晰的元器件布局和标注说明
	绘制照明电路原理图	1. 绘制照明电路原理图； 2. 编译检测与修改； 3. 创建项目个性化元器件库； 4. 配置元器件属性	1. 完成照明电路原理图的绘制，电路连接正确、元器件布局合理； 2. 成功编译照明电路原理图，解决并修改错误和警告； 3. 建立项目个性化元器件库，特定项目所需的元器件和自定义符号； 4. 成功配置所有元器件的属性，包括引脚定义、参数设置等
	实战项目三：绘制四路流水灯电路原理图	1. 元器件选取； 2. 电路原理图设计； 3. 电路原理图绘制	1. 正确进行元器件的选取； 2. 合理设计电路； 3. 在 AD 上正确绘制项目的电路原理图
	实战项目四：绘制简易录放音电路原理图	1. 元器件选取； 2. 电路原理图设计； 3. 电路原理图绘制	1. 正确进行元器件的选取； 2. 合理设计电路； 3. 在 AD 上正确绘制项目的电路原理图
设计稳压电源单面 PCB	电路原理图元器件封装与 PCB 自动规划	1. 元器件封装设计； 2. PCB 自动规划； 3. PCB 环境参数配置	1. 正确从系统封装库中检索所需的封装； 2. 熟练对封装进行调整和修改； 3. 正确进行 PCB 的自动规划配置； 4. 正确进行 PCB 环境参数配置
	稳压电源单面 PCB 设计与优化	1. 稳压电源单面 PCB 设计； 2. 稳压电源单面 PCB 的检测与优化	1. 完成稳压电源单面 PCB 设计，包括元器件放置、连线、铺铜等，确保电路连接正确、布局紧凑； 2. 成功通过电气规则检查和设计规则检查，解决错误和问题

续表

模块	学习任务	学习内容	学习目标
设计稳压电源单面PCB	实战项目五：方波发生器单面PCB设计	1. 元器件选取； 2. 电路原理图设计； 3. 电路原理图绘制	1. 正确进行元器件的选取； 2. 合理设计电路； 3. 在AD上正确绘制项目的电路原理图
	实战项目六：红外对射电路单面PCB设计	1. 元器件选取； 2. 电路原理图设计； 3. 电路原理图绘制	1. 正确进行元器件的选取； 2. 合理设计电路； 3. 在AD上正确绘制项目的电路原理图
设计照明电路双面PCB	元器件封装类型的检查与修改	1. 照明电路原理图元器件封装类型的检查与修改； 2. 照明电路双面PCB的人工规划及环境设置	1. 完成照明电路原理图元器件封装类型的检查与修改，确保所有元器件都正确地封装； 2. 正确完成照明电路双面PCB的人工规划及环境设置，包括合理安排布局、PCB参数设置等
	照明电路双面PCB设计与优化	1. 照明电路双面PCB设计； 2. 照明电路双面PCB的检测与优化	1. 完成照明电路双面PCB元器件放置、连线、铺铜等，确保电路连接正确、布局紧凑； 2. 通过电气规则检查和设计规则检查，解决错误和问题，并进行布局、连线等方面的优化
	实战项目七：简易录放音电路双面PCB设计	1. 元器件选取； 2. 电路原理图设计； 3. 电路原理图绘制	1. 正确进行元器件的选取； 2. 合理设计电路； 3. 在AD上正确绘制项目的电路原理图
	实战项目八：流水灯电路双面PCB设计	1. 元器件选取； 2. 电路原理图设计； 3. 电路原理图绘制	1. 正确进行元器件的选取； 2. 合理设计电路； 3. 在AD上正确绘制项目的电路原理图

续表

模块	学习任务	学习内容	学习目标
设计单片机电路双面PCB	单片机元器件符号与原理图	1. 自制STC89C51元器件原理图符号； 2. 绘制单片机电路原理图； 3. 自制PCB元器件封装类型	1. 完成STC89C51单片机元器件的原理图符号与封装设计，确保符号、封装与实际元器件一致； 2. 完成单片机电路的原理图绘制，包括元器件放置、连线、电源和地平面设置
	单片机双面PCB设计与优化	1. 单片机电路双面PCB设计； 2. 创建单片机电路项目的集成元器件库	1. 完成单片机电路双面PCB设计，包括元器件放置、连线、铺铜等，确保电路连接正确、布局紧凑； 2. 成功创建单片机电路项目的集成元器件库，包括常用元器件的封装和符号信息，确保库中元器件信息准确齐全
	实战项目九：八路智力抢答器双面PCB设计	1. 元器件选取； 2. 电路原理图设计； 3. 电路原理图绘制	1. 正确进行元器件的选取； 2. 合理设计电路； 3. 在AD上正确绘制项目的电路原理图
	实战项目十：PLD在线编辑器双面PCB设计	1. 元器件选取； 2. 电路原理图设计； 3. 电路原理图绘制	1. 正确进行元器件的选取； 2. 合理设计电路； 3. 在AD上正确绘制项目的电路原理图

五、课程考核

本课程为考试课，采用“20%平时考核+80%期末考核”的方式，平时考核包括出勤率、平时作业、MOOC学习任务完成情况；期末考核采取上机考试的形式。具体内容如附表1-3所示。

附表1-3　课程考核形式

考核内容	平时考核			期末考核
	出勤率	平时作业	MOOC学习	
分值	5%	10%	5%	80%

期末笔试试卷考核各模块占比如附表1-4所示。

附表 1-4　课程考核模块占比

模块		占比(%)
模块一和模块二	电路原理图绘制	30
模块三	单面 PCB 设计	30
模块四和模块五	双面 PCB 设计	40
合计		100

合格标准:最终成绩在 60 分以上。

六、教学资源

1. 教材资源

姚四改．Altium Designer 原理图与 PCB 设计[M]. 北京:人民邮电出版社,2022.

2. 师资队伍

教学团队由在校教师与企业导师共同组成,年龄结构与职称结构科学合理。能较好地把握国内外行业、专业发展,能广泛联系行业企业,了解行业企业对桌面软件开发专业人才的实际需求,具备较强的教学设计、专业研究能力,具有较强的信息化教学能力,能够开展课程教学改革和科学研究。

3. 教学条件

理实一体教室或专业实训室:安装 Windows 7 及以上版本的操作系统

实训设备:计算机

软件及版本:Altium Designer 2014

电脑配置:内存不低于 8GB

4. 教学资源

课本、学习通习题、多媒体课件、网络资源、官方文档

5. 教学方法与策略

根据课程内容和学生特点，在学习过程中注重实践操作，在充分运用多媒体等现代教学手段的同时，灵活运用情境教学法、任务驱动法、分组讨论法、案例教学法等多种教学方法，引导学生积极思考、乐于实践，提高学习效果。

（1）情境教学法

根据职业岗位要求创设职业情景，激发学生学习兴趣，帮助学生理解和掌握知识，培养创新精神，提高学生岗位适应能力。

（2）任务驱动法

以任务为载体，按照“创设任务学习情境—学习相关知识技能—完成专项任务训练—拓展巩固学习效果”的模式进行组织，实施任务导向式教学，确定任务名称、任务完成时间、任务目标及任务成果，通过工作任务的完成来驱动教学。

（3）分组讨论法

依据任务规模和学生人数，将学生分成小组，在任务实施的各个工作环节展开小组讨论，以解决当前问题和确定下一个工作步骤。

（4）案例教学法

针对项目开发过程中关键技术的应用，以项目案例为教材，运用多种方式启发学生独立思考，通过对具体案例的讨论和思考诱发学生的创造潜能，从而形成学生自主学习、合作学习、研究性学习和探索性学习的学习氛围。

附录二　《开源硬件技术》课程标准

课程名称:《开源硬件技术》	课程学时:32
课程学分:2 学分	授课对象:本科二年级
课程类型:专业核心课	归口教研室:人工智能教研室
所属专业:人工智能工程技术	

一、课程定位

《开源硬件技术》课程作为人工智能技术应用专业的专业核心课,是在《C程序设计基础》课程基础上,配合《电子电路基础》课程中知识的辅助作用,致力于学习以 Arduino 开发板为代表的传感器数据采集开发技术,同时该课程也是《微控制器开发》课程的基础课程。该课程共计 32 学时,每周 2 学时,共 16 周,每届学生约 90 人,开课对象为人工智能工程技术专业本科大二学生。

二、课程目标

本课程承载的是嵌入式系统应用开发行业中以 Arduino 为代表的开源硬件的主流技术,是理论和实践相结合的一门课程,在整个课程体系中具有重要作用。通过本课程对嵌入式开发流程的讲解与实践,充分调动学生的动手能力以及设计实践能力,并且通过学生的需求分析和功能设计可以更好地增强其创新实践能力。通过实践强化动手能力,熟练掌握专业基础技能,掌握基本的嵌入式开发技术和方法,以达到理论与实践相结合的目的。通过本课程的学习应达到以下目标:

1. 具备良好的职业道德、鲜明的军工精神和工匠精神,遵守职业道德准则和行为规范。

2. 具备强烈的社会责任感、较强的集体意识和团队合作能力，甘于奉献，勇于担当，吃苦耐劳。

3. 掌握必备的思想政治理论、科学文化基础知识和中华优秀传统知识。

4. 掌握与本专业相关的法律法规、环境保护、安全消防、文明生产等知识。

5. 掌握设计规范使用方法，以认真负责的态度准确、安全地进行实践学习。

6. 掌握 C 语言基本知识。

7. 掌握多种传感器的基本工作原理以及 Arduino 平台的基本编程方法。

8. 掌握通过 Arduino 平台操作常用外设并对传感器数据进行采集和回传的方法。

9. 掌握以串口、I2C 和 SPI 为代表的常用通信协议的工作原理和使用方法。

10. 掌握以 Arduino 硬件为中心的传感器数据采集控制系统设计方法。

11. 掌握基于开源硬件技术的嵌入式系统开发方法。

12. 掌握从开源社区查找资料，读懂开源项目源码，并且对程序进行调试和改错的方法。

13. 掌握关键信息提取方法，能够在已有技术或解决方案的基础上创新需求。

通过本课程的学习，学生应能够根据功能需求设计开发基本的开源硬件系统程序，并根据需求对代码进行必要的更新和维护。同时，学生应能够具备设计、测试、调试开源硬件系统的能力。课程结束时，学生应具备的能力及具体标准如下：

1. 具有探究学习、终身学习、分析问题和解决问题的能力。

2. 具有良好的语言、文字表达能力和沟通能力，能够阅读移动互联设备英文技术手册。

3. 具有本专业必需的信息技术应用和维护能力。

4. 具有根据规范编写工程文档的能力，能编写技术方案、操作手册、说明书等文档。

5. 具有嵌入式系统的分析设计开发能力，熟练运用网络资源提升自身技术水平、开拓技术视野，能创新性地解决工作中遇到的实际问题。

6. 具有对 Arduino 平台的数字接口和模拟接口的设置调用能力。

7. 具有通过串口、I2C 和 SPI 等常用通信协议与传感器进行数据传输的能力。

8. 具有对 Arduino 第三方库中常用函数的调用能力。

9. 具有在移动终端与 Arduino 平台进行无线通信的能力。

10. 具有基于开源硬件平台快速开发集成感知器件、执行器件的嵌入式系统的能力。

11. 具有运用开源硬件开发系统分析应用需求、解决实际问题的能力。

12. 具有以 Arduino 硬件为中心进行传感器数据采集控制的能力。

13. 具有导入第三方库文件并进行传感器使用开发的能力。

14. 具有核心板电路以及传感器电路的分析能力。

三、职业能力与课程内容

本课程所面向的工作内容、职业能力及支撑能力的知识技能详见附表 2-1。

附表 2-1　课程面向的职业能力及其所需知识技能分析

工作内容	职业能力分析	支撑能力的知识技能
1. 初识 Arduino	1.1　搭建 Arduino 软件开发环境	1. Arduino 概述； 2. Arduino 软件开发环境搭建
	1.2　熟悉 Arduino 项目开发流程	Arduino 项目开发流程
	1.3　Arduino 程序结构和语言基础	1. Arduino 语言及程序结构； 2. 数据类型、运算符与表达式、数组与字符串
	1.4　Arduino 控制语句	1. 顺序结构与选择结构； 2. 循环结构与循环控制语句
	1.5　Arduino 常用函数	1. 时间函数与随机函数； 2. 位和字节函数

续表

工作内容	职业能力分析	支撑能力的知识技能
2. 常用接口通信	2.1　数字接口和模拟接口	1. 数字接口及其应用； 2. 模拟接口及其应用
	2.2　串行通信接口	1. 串行通信接口及其应用； 2. 串行通信接口类库函数
	2.3　I2C 总线接口	1. I2C 总线接口及其应用； 2. I2C 总线接口类库函数
3. 基础外设控制	3.1　LED	1. LED 原理； 2. LED 点亮与闪烁； 3. 流水灯和呼吸灯
	3.2　按键	1. 按键检测原理及按键消抖； 2. 按键控制 LED 状态取反； 3. 多种按键扫描
	3.3　蜂鸣器	1. 蜂鸣器原理； 2. 电平控制蜂鸣器
4. 传感器控制系统	4.1　天气监测实验	1. 雨滴传感器； 2. 温湿度传感器； 3. 烟雾传感器
	4.2　智慧园区综合实验	1. OLED 显示； 2. 超声波传感器； 3. 火焰传感器； 4. 光照传感器
5. 智能传感器系统	5.1　基于 ESP8266 的智能灯光控制系统	ESP8266 原理
	5.2　基于指纹传感器的智能安防系统	指纹录入、查询和删除

四、课程结构

《开源硬件技术》课程共计 32 学时，按照任务重要性和系统类别分为 5 个学习任务，每个学习任务都是经教学化处理的真实完整工作任务。每个学习任务按照工作内容分为若干子任务，每个子任务承载一定的学习内容，对知识点、技能点明确了产出标准，具体如附表 2-2 所示。

附表 2-2　课程结构一览表

任务	子任务	学习内容	产出标准	学时
1. 初识 Arduino	1.1　搭建 Arduino 软件开发环境	1. Arduino 概述； 2. Arduino 软件开发环境搭建	1. 掌握 Arduino 的系统组成； 2. 掌握 Arduino 开发环境的搭建方法	4
	1.2　熟悉 Arduino 项目开发流程	Arduino 项目开发流程	掌握 Arduino 的项目开发流程	
	1.3　Arduino 程序结构和语言基础	1. Arduino 语言及程序结构； 2. 数据类型、运算符与表达式、数组与字符串	能够熟练掌握编程语法，并在项目任务中使用	
	1.4　Arduino 控制语句	1. 顺序结构与选择结构； 2. 循环结构与循环控制语句	能够熟练掌握结构语句，并在项目开发中使用	
	1.5　Arduino 常用函数	1. 时间函数与随机函数； 2. 位和字节函数	能够掌握功能函数的定义，并使用在特定传感器任务中	
2. 常用接口通信	2.1　数字接口和模拟接口	1. 数字接口及其应用； 2. 模拟接口及其应用	1. 能够在各种传感器任务中使用数字接口进行输入输出操作； 2. 能够在各种传感器任务中使用模拟接口进行输入输出操作	10
	2.2　串行通信接口	1. 串行通信接口及其应用； 2. 串行通信接口类库函数	1. 能够理解串行通信的工作原理； 2. 能够使用串行通信接口函数进行串口的输入输出操作	
	2.3　I2C 总线接口	1. I2C 总线接口及其应用； 2. I2C 总线接口类库函数	1. 能够理解 I2C 通信的工作原理； 2. 能够使用 I2C 通信接口函数进行 I2C 通信	
3. 基础外设控制	3.1　LED	1. LED 原理； 2. LED 点亮与闪烁； 3. 流水灯和呼吸灯	能够实现 LED 各种实验效果	6
	3.2　按键	1. 按键检测原理及按键消抖； 2. 按键控制 LED 状态取反； 3. 多种按键扫描	1. 能够实现 LED 各种实验效果； 2. 能够完成按键消抖	
	3.3　蜂鸣器	1. 蜂鸣器原理； 2. 电平控制蜂鸣器	能够实现蜂鸣器各种实验效果	

续表

任务	子任务	学习内容	产出标准	学时
4. 传感器控制系统	4.1 天气检测实验	1. 雨滴传感器； 2. 温湿度传感器； 3. 烟雾传感器	能够使用多种传感器进行协同工作	6
	4.2 智慧园区综合实验	1. OLED 显示； 2. 超声波传感器； 3. 火焰传感器； 4. 光照传感器	能够使用多种传感器进行综合系统设计	
5. 智能传感器系统	5.1 基于 ESP8266 的智能灯光控制系统	ESP8266 原理	能够进行无线通信	6
	5.2 基于指纹传感器的智能安防系统	指纹录入、查询和删除	能够使用指纹传感器进行多种传感器之间的协同工作	

五、课程考核

开源硬件技术属于考试类课程，采用“过程考核＋期末考核”的方式进行最终考试，比例分配为过程考核占 40%、期末考核占 60%，综合平时成绩和期末笔试成绩按照比例评定最终的课程成绩，具体如附表 2-3 所示。

附表 2-3　课程考核形式一览表

过程考核	考核模块	日常考勤	10
		综合练习 1	15
		综合练习 2	15
期末考核笔试	编程语法和通信接口		20
	基础外设控制		20
	传感器使用		20
合计			100

六、教学建议

1. 教材资源

李兰英，韩剑辉，周昕. 基于 Arduino 的嵌入式系统入门与实践[M]. 北京：人民邮电出版社，2020.

2. 师资队伍

该课程教学在组织形式上采用“课堂教学＋现场实训”的教学方式，课堂教学主讲教师由“双师型”教师担当，实训教学指导教师由“双师型”教师、专业技术人员担当。

（1）专任教师

①符合高校教师任职条件，取得高校教师资格证书。具有扎实的理论功底、较强的科研能力和一定的企业实际工作经历，建议具有双师素质。

②至少具有网络管理员证书、建议具备网络设备考评员证书。

③能采用情境教学法、讲授法等教学方法指导、引导学生完成学习任务，实现学习目标。

（2）兼职教师

①行业企业一线的高技能人才、具备教师基本素质和具有较为丰富的实践和管理经验。

②能够将理论与实践相结合，具有一定的教学技能指导学生完成工作任务。

3. 教学条件

理实一体教室：安装 Windows 7 以上版本的操作系统

实训设备：台式机

软件及版本：Arduino 最新版

4. 教学资源

多媒体课件、网络资源

5. 教学方法

课程教学实施中，采用项目化教学将课程内容分为四个典型学习情境，每个学习情境中又采用项目化的教学方式。根据企业实际应用情况设计教学内容，同时借鉴了工单制的教学模式，将企业中常用的工单演化为项目任务书，利用工作过程导向的方式，让学生参与到项目中，通过撰写任务书，实现对课堂知识内容和实验的自觉总结。同时，让学生以小组的方式组织学习，由学生自发地分配项目经理、工程师等企业角色，将学生带入工作情景。

在教学过程中，使用理实一体的教学方法，使用信息安全资源库这样的网络教学平台，利用丰富的课件、视频、动画、交互式课件等资源，实现多元化的教学。

附录三 《数字图像处理》课程标准

课程名称:《数字图像处理》　　课程学时:48

课程学分:3 学分　　授课对象:本科二年级

课程类型:专业核心课　　归口教研室:人工智能教研室

所属专业:人工智能工程技术专业

一、课程定位

人工智能工程技术专业培养理想信念坚定,德、智、体、美全面发展,具有一定的科学文化水平,良好的人文素养、职业道德和创新意识,精益求精的工匠精神,较强的就业能力和可持续发展的能力;掌握本专业知识和技术技能,具备良好的人工智能数学基础知识、人工智能视觉处理和语音处理基础知识以及人工智能应用系统软件开发集成基础知识,同时具备人工智能技术应用系统的管理与维护等能力,能够从事人工智能系统开发集成、测试、管理与运维、产品销售与咨询以及售前售后技术支持等工作的复合型高素质技术技能人才。本专业典型工作任务与专业课程设置如附表 3-1 所示。

附表 3-1　典型工作任务与专业课程设置

序号	典型工作任务	专业课程
1	AI 模型训练及优化	Linux 应用基础、Python 语言程序设计、人工智能数学基础、机器学习应用技术、神经网络与 TensorFlow、PaddlePaddle 框架应用
2	机器视觉处理	数字图像处理技术、机器视觉应用开发
3	数据标注	数据标注技术
4	数据采集分析	Python 语言程序设计、Python 数据采集与分析
5	人工智能系统语音语言处理	智能语音语言处理技术

续表

序号	典型工作任务	专业课程
6	嵌入式系统应用开发	C语言程序设计(单片机)、开源硬件应用开发、嵌入式微处理器开发
7	高级移动终端软件开发	Java程序设计、Android应用软件开发
8	人工智能应用系统开发	人工智能技术服务、人工智能模型实践

《数字图像处理》服务于“机器视觉处理”这一典型工作任务。根据对典型工作任务的分析和高职教学的定位，得出《数字图像处理》的培养目标和课程定位，描述如下：使用Python语言，调用OpenCV开源视觉库，对数字图像进行预处理、去噪、求边缘、提取特征、调用AI模型等操作，为人工智能对图像的处理提供前期知识准备工作。《数字图像处理》的前修课程为《Python语言程序设计》，后续课程为《机器视觉应用开发》。

二、课程目标

教学用的实验项目是由教师和企业联合开发的，既来源于真实项目，又适应了高职教学要求。学生以软件工程师的角色参与到项目开发中，在整体设计方案和详细设计方案的框架下，在规定的时间要求内，由教师引导实现对未知知识的自主学习，并实现灵活应用。着重培养学生的自主学习能力，对信息的搜集能力和灵活应用能力。学习目标包括以下几个方面：

1. 了解OpenCV的概念。
2. 掌握OpenCV的基本操作，包括读取、显示、保存、访问、修改图像、通道操作等。
3. 掌握OpenCV对图像进行运算、色彩空间类型转换、几何变换应用方法。
4. 掌握OpenCV对图像进行阈值处理、图像平滑处理、形态学处理应用方法。
5. 掌握OpenCV对图像求取图像梯度、边缘、轮廓应用方法。
6. 掌握OpenCV对图像进行直方图处理、傅里叶变换、模板匹配应用方法。

7. 掌握 OpenCV 对图像进行霍夫变换、图像分割与提取应用方法。

8. 了解视频处理的方法，包括 VideoCapture 类和 VideoWriter 类。

三、职业能力与课程内容

职业本科的课程应重视实践知识的梳理，以凸显职业教育类型特色。梳理实践知识时可以向实践专家提问：完成这个行为会遇到什么实践问题？如何解决的？把专家的隐性经验显性化，就是系统化解决问题的方法。

本课程所面向的工作内容、职业能力及支撑能力的知识技能详见附表 3-2。

附表 3-2　课程面向的职业能力及其所需知识技能分析

工作内容	职业能力分析	支撑能力的知识技能
1. OpenCV 程序开发准备	程序员根据客户提出的需求，确定软件开发的环境，并能进行开发环境的部署与安装	1. 根据确定的 OpenCV 开发环境，下载、安装、配置 Pycharm 或 Anaconda 开发环境； 2. 安转“opencv-python = = 3.4.18.65”和“opencv-contrib-python==3.4.18.65”； 3. 能根据 Python 程序的语法规范，在开发环境中创建 OpenCV 应用程序； 4. 测试是否可以运行
2. 图像的预处理	2.1　根据要求对图像进行基本的操作	1. 读取图像 cv2.imread(filename, flags)； 2. 显示图像； 3. 保存图像； 4. 获取图像属性
	2.2　根据要求对像素值进行操作	1. 获取修改像素的 BGR 值； 2. 使用 Numpy 模块操作像素； 3. 图像的运算
	2.3　根据要求转换色彩空间拆分通道	1. 色彩空间 GRAY、HSV； 2. 通道拆分合并
	2.4　根据要求对图像进行几何变换和绘制	1. 缩放； 2. 翻转； 3. 放射变换； 4. 透视； 5. 绘制图形和文字
	2.5　根据要求对图像进行阈值处理	1. 阈值处理函数； 2. 二值化与反二值化； 3. 零处理； 4. 截断处理； 5. 自适应处理

续表

工作内容	职业能力分析	支撑能力的知识技能
2. 图像的预处理	2.6 根据要求进行模板匹配	1. 模板匹配方法； 2. 单模板匹配； 3. 单目标匹配
	2.7 根据要求对图像进行滤波和膨胀腐蚀操作	1. 均值滤波； 2. 中值滤波； 3. 高斯滤波； 4. 双边滤波； 5. 形态学运算
	2.8 根据要求进行图形检测	1. 轮廓拟合； 2. 凸包； 3. 边缘检测
	2.9 根据要求进行视频处理	1. 读取并显示摄像头视频； 2. 播放视频文件； 3. 保存视频文件

四、课程结构

在分析岗位工作任务实例的基础上设计学习任务(情境)或者模块,明确子任务或子模块,体现模块与学习内容的对应关系,明确产出标准,使学习成果可测,并确定学时分配。

《数字图像处理》课程共计 48 学时,按照任务难度由简单到复杂分为 2 类,每个学习任务分为若干子任务,每个子任务承载一定的学习内容,对知识点、技能点明确了产出标准,具体如附表 3-3 所示。

附表 3-3 课程结构一览表

任务	子任务	学习内容	产出标准	学时
Ⅰ简单图像处理	1. 安装、部署、应用编程环境	1. 根据确定的 OpenCV 开发环境,下载、安装、配置 Pycharm 或 Anaconda 开发环境； 2. 安转“opencv-python”和“opencv-contrib-python”的方法； 3. 能根据 Python 程序的语法规范，在开发环境中创建 OpenCV 应用程序； 4. 测试是否可以运行	1. 可以将编程环境搭好； 2. 学生能在开发环境中编写代码并且运行	

续表

任务	子任务	学习内容	产出标准	学时
Ⅰ简单图像处理	2. 更改图像并且保存	1. 读取图像 cv2. imread(filename, flags)； 2. 显示图像； 3. 保存图像； 4. 获取图像属性； 5. 获取修改像素的 BGR 值； 6. 使用 Numpy 模块操作像素； 7. 图像的运算	1. 学生能够读取图像； 2. 能够获取图像中感兴趣的区域并且修改； 3. 能够将修改的图像保存	24
	3. 识别图像中的皮肤颜色	1. 色彩空间 GRAY、HSV； 2. 通道拆分合并	1. 能够根据要求将图片的色彩空间转换成 HSV 或者 GRAY； 2. 能够拆分通道，单独修改某一通道的像素	
	4. 对图像的形状进行更改	1. 缩放； 2. 翻转； 3. 放射变换； 4. 透视； 5. 绘制图形和文字； 6. 阈值处理函数； 7. 二值化与反二值化； 8. 零处理； 9. 截断处理； 10. 自适应处理	1. 能够将图像进行形状转换； 2. 能够对图像进行二值、反二值处理	
Ⅱ复杂视频图像处理	1. 对视频文件进行操作	1. 读取并显示摄像头视频； 2. 播放视频文件； 3. 保存视频文件	学生能够读取视频内容并且操作内容	24
	2. 匹配视频中特定的物体	1. 轮廓拟合； 2. 凸包； 3. 边缘检测； 4. 均值滤波； 5. 中值滤波； 6. 高斯滤波； 7. 双边滤波； 8. 形态学运算； 9. 模板匹配方法； 10. 单模板匹配； 11. 单目标匹配	1. 能够根据不同的方法提取轮廓； 2. 能够将图片进行滤波处理； 3. 使用模板的方式进行匹配	

五、课程考核

课程考核要求包括考核类型、考核方式、考核指标、成绩组成等内容，具体如附表 3-4 所示。

附表 3-4 课程考核形式一览表

考核内容	过程考核(学习通平台)				期末考试
	课程参与度	章节测验	平台作业	平台考试	
分值	10%	10%	10%	10%	60%

合格标准:最终成绩在 60 分及以上。

六、教学建议

对教材与资源选用、师资、教学条件、教学方法等提出建议,便于其他老师实施本课程教学,不能写成现状的总结。教学方法建议要体现课程在教学方法上的特殊性,避免笼统描述普遍性方法。

1. 教材资源

(1) 本课程的实施选用《Python OpenCV 从入门到精通》教材;

(2) 本课程选用《OpenCV 轻松入门——面向 Python》作为参考教材。

2. 师资队伍

教师团队能较好地把握国内外人工智能发展,能广泛联系行业企业对人工智能人才的实际需求;在老教师的带领下,教师团队具备较强的教学设计和研究能力,具有较强的信息化教学能力,能够开展课程教学改革和科学研究。

3. 教学条件

多媒体教室、实训室

4. 教学资源

多媒体课件、立体教材、习题库

5. 教学方法

倡导因材施教、因需施教，教师应能依据专业培养目标、课程教学要求、学生能力与教学资源，采用理实一体化教学、案例教学、项目教学等方法，坚持学中做、做中学，达成预期教学目标。

附录四 《图像检测与识别》课程标准

课程名称:《图像检测与识别》　　课程学时:64
课程学分:4 学分　　授课对象:本科三年级
课程类型:专业核心课　　归口教研室:人工智能教研室
所属专业:人工智能工程技术专业

一、课程定位

《图像检测与识别》课程是人工智能工程技术专业核心课,服务于人工智能应用开发工程师岗位“智能视觉系统开发工作”典型工作任务,主要讲授人脸检测与识别、OCR 与车牌识别、目标检测、姿态估计、3D 视觉等计算机视觉典型应用场景与算法,开展工件自动分拣、车牌识别、实时工业钢材缺陷检测三个实际项目开发实践,培养学生智能视觉系统设计与开发能力。本课程共 64 学时,按“32 理论＋32 实践”的学时开设于第五学期,前修课程是《数字图像处理》《深度学习》,后续课程是《工业机器视觉》。

二、课程目标

学生学完《图像检测与识别》课程后,应能综合运用计算机视觉算法、深度学习技术、数据处理方法等知识,结合实际应用场景需求,设计并开发出有效的图像检测与识别系统。具体应达到以下目标:

1. 了解我国在图像检测与识别领域的技术创新和应用成果,如在智能制造、国防建设等领域的应用,培养民族自豪感和对国家科技发展的认同感。

2. 具备严谨认真的工作态度和工程精神,在图像检测与识别系统开发中严格遵循数据安全、算法合规等行业标准和规范。

3. 能与人合作完成任务，具备较强的团结协作意识、组织协调能力以及沟通能力。能够以汇报的形式向团队成员、客户或评审人员展示项目成果，回答相关问题，展现良好的表达能力和专业素养。

4. 关注国际前沿的图像检测与识别技术，创新性地解决实际项目中遇到的检测精度低、实时性差等问题。

5. 能够准确理解各种图像检测与识别任务的需求文档，包括人脸检测、目标跟踪等任务的具体要求。依据任务需求，合理规划图像采集方案，确定数据采集的范围、数量和质量标准。

6. 能够根据图像数据特点和任务类型，选择合适的深度学习框架（如TensorFlow、PyTorch）和计算机视觉库（如 OpenCV）。运用所学的算法知识，如卷积神经网络、目标检测算法等对图像数据进行预处理、特征提取和模型搭建。

7. 能够利用标注工具对图像数据进行准确标注，为模型训练提供高质量的标注数据。按照标准的数据集划分方法，将标注好的数据划分为训练集、验证集和测试集，确保数据分布的合理性。

8. 能够将训练好的模型集成到实际的图像检测与识别系统中，对部署后的系统进行测试和优化，确保系统能够稳定、高效地运行，满足实时性和准确性的要求。

9. 能够将图像检测与识别系统的设计思路、算法实现、模型训练过程、系统部署方案等内容完整地记录在技术文档中。文档应条理清晰、内容翔实，能够为系统的维护、升级和扩展提供有力的支持。

三、职业能力与课程内容

本课程所面向的工作内容、职业能力及支撑能力的知识技能详见附表4-1。

附表 4-1　课程面向的职业能力及其所需知识技能分析

工作内容	职业能力分析	支撑能力的知识技能
1. 计算机视觉应用场景需求分析与数据采集	具备良好的沟通能力，能与不同背景的人员有效交流，准确获取开发需求，撰写系统说明文档	1. 典型智能视觉场景的业务流程和特点，如安防监控中的监控范围、工业检测中的产品生产工艺和质量标准等； 2. 撰写需求文档
	拥有较强的问题分析与解决能力，能根据实际情况制定合理的数据采集方案	1. 数据采集设备的操作知识，如各类相机（工业相机、高清摄像头、红外相机等）的参数设置； 2. 制定数据采集方案
	具备数据管理和质量把控能力，能够对采集到的数据进行有效的筛选、整理和标注	1. 数据标注的方法和工具，如 LabelImg 等标注软件的使用，以及不同标注类型（边界框标注、多边形标注、关键点标注等）的规范和技巧； 2. 多人标注、交叉验证等方式来提高标注的准确性和一致性
2. 比选开源算法，并使用深度学习框架和工具进行算法复现	依据图像检测与识别任务类型（如人脸检测、目标检测、语义分割等）以及图像数据特点，分析并确定适合的算法框架类型（如基于卷积神经网络、基于 Transformer 等）	1. 图像检测与识别任务类型分类； 2. 图像数据特征分析方法； 3. 深度学习算法框架的基本原理
	利用选定的深度学习框架（如 TensorFlow、PyTorch），根据算法原理搭建图像检测与识别模型，包括构建网络结构、设置模型参数等，确保模型搭建正确且能够正常运行训练	1. 深度学习框架（TensorFlow、PyTorch）的使用方法； 2. 算法评估指标的含义和计算方法

续表

工作内容	职业能力分析	支撑能力的知识技能
3. 模型训练、调优与模型部署	依据标注好的图像数据集(包括训练集、验证集和测试集)、选定的深度学习框架和算法模型,进行模型训练	1. 计算机视觉深度学习模型训练的基本流程和原理; 2. 深度学习框架中训练参数(学习率、优化器、损失函数等)的设置方法和作用
	在模型训练过程中,实时监控训练指标(如损失值、准确率、召回率等)的变化情况,根据指标变化趋势,运用学习率调整策略、正则化方法等技术对模型进行优化	1. 模型训练指标的含义和监控方法; 2. 模型优化技术的原理和应用; 3. 数据增强的方法和作用; 4. 模型剪枝的原理和实施方法
	依据训练好的图像检测与识别模型,结合项目需求,设计图像检测与识别系统的整体架构,包括数据输入模块、模型推理模块、结果输出模块等的设计和布局,完成桌面端软件集成	1. Python 面向对象编程高级技术; 2. SQLite 数据库技术设计与开发技术; 3. PyQt5 技术-桌面软件界面开发技术

四、课程结构

《图像检测与识别》课程共计 64 学时,按照智能视觉系统开发中“计算机视觉软件开发技术”“计算机视觉模型开发关键技术”“计算机视觉开发典型应用”三个模块,其中前两个模型用于支持第三模型开展,每个学习任务都是经教学化处理的真实完整工作任务。每个学习任务按照工作内容分为若干子任务,每个子任务承载一定的学习内容,对知识点、技能点明确了产出标准,具体如附表 4-2 所示。

附表 4-2　课程结构一览表

任务	子任务	学习内容	产出标准	学时
计算机视觉软件开发技术	Python 面向对象强化	回顾 Python 语言基础,进阶高级功能模块,Python 面向对象在项目中实际应用	能够完成全国计算机二级 Python 编程题目设计,掌握基本数据结构、函数、类的编写	2

续表

任务	子任务	学习内容	产出标准	学时
计算机视觉软件开发技术	SQLite 数据库技术	1. 数据库基本术语和 SQL 语法特点； 2. 数据库基础的建立语句； 3. 增删改查操作； 4. 简单的子查询； 5. 函数和排序、分组	针对人工智能软件系统数据库部分可以按照数据库设计，完成数据库编码搭建和查询等语句编写	4
	PyQt5 技术－桌面软件界面开发基础	1. PyQt5 的基本概念和架构； 2. PyQt5 的安装和配置方法； 3. PyQt5 的基本 UI 控件； 4. 布局管理器的使用方法； 5. 信号和槽机制； 6. Qt Designer 的使用	能够使用 PyQt5 开发简单的计算机视觉桌面应用程序，能够使用信号和槽机制进行事件处理	4
计算机视觉模型开发关键技术	图片采集与标注技术	1. 对于常见的图像采集设备，掌握数码相机、工业相机等设备的性能特点及适用场景； 2. 制定数据采集策略方面，学习确定图像数量、多样性和代表性，覆盖不同场景、角度、光照条件，确保数据全面反映任务需求； 3. 熟悉常用的图像标注工具，如 LabelImg 等，掌握其基本操作和功能，学习不同类型的标注方法，了解每种标注方法的适用场景和标注规范； 4. 掌握标注质量控制，学习审核和错误纠正，通过多人标注、交叉验证提升准确性和一致性，处理模糊情况，确保数据可靠性	1. 高效图像采集，针对视觉任务，选择适宜设备和环境，制定采集策略，成功获取数千张高质量图像数据； 2. 数据管理与记录，有效管理采集和标注的数据，包括存储、分类、备份，编写数据采集和标注文档，记录过程、方法、问题及解决方案； 3. 熟练使用标注工具，按标准方法准确标注图像，确保标注准确率 95%以上，为模型训练提供精准数据； 4. 建立标注质量控制，通过审核验证确保数据质量，及时处理纠正问题，保障数据一致性和可靠性	4
	计算机视觉中的深度学习技术进阶	1. 模型泛化能力； 2. 单样本数据增强方法； 3. 迁移学习概述； 4. 迁移学习的分类； 5. 迁移学习的常用方法； 6. 迁移学习在机器学习中的应用； 7. 迁移学习的实践案例	1. 能够通过应用单样本与多样本数据增强方法，解决实际工作中遇到的样本数量不足与类别间不均衡的问题，提升模型的泛化能力； 2. 能够应用迁移学习解决实际问题	8

续表

任务	子任务	学习内容	产出标准	学时
计算机视觉开发典型应用	OCR技术与车牌检测应用	1. OCR 技术的定义、工作原理和应用场景； 2. OCR 技术的发展历程和主流算法； 3. OCR 技术的技术路线； 4. 车牌识别技术的原理，包括车牌检测、字符分割和字符识别等步骤； 5. 车牌识别技术中常用的算法和工具	1. 能够使用 Pytesseract 工具进行文字识别； 2. 完成车牌检测识别项目实践	8
	人脸识别技术	1. Dlib 库的安装与使用； 2. 人脸检测算法原理及实现； 3. 人脸识别算法原理及实现； 4. 人脸检测与识别的应用案例； 5. FaceNet 介绍和原理	1. 掌握人脸检测与识别的核心流程如人脸定位、人脸特征提取等； 2. 能够利用 Dlib 库实现人脸检测与识别应用	8
	目标检测技术	1. YOLO 系列算法的原理和特点； 2. YOLO 系列算法的训练过程和方法； 3. YOLO 系列算法的训练实践； 4. YOLO 软件开发工具的使用方法； 5. YOLO 模型的软件开发实践； 6. 实践案例：基于 YOLO 模型的物体检测系统开发	能够独立配置和训练 YOLOv5 和 YOLOv8 模型，并进行模型评估和优化，完成实时工业钢材缺陷检测项目实践	10
	姿态检测技术	1. 姿态估计应用开发； 2. 手势识别应用开发	1. 学会使用 MediaPipe 进行目标检测，手势识别； 2. 掌握 MediaPipe 中常用的图像处理和神经网络模块，并能够进行定制化开发	8
	3D 视觉技术	3D 视觉重建、深度估计、3D 点云处理等基本概念和相关算法和工具	了解 3D 视觉相关基础算法与工具，包括 3D 重建、深度估计、3D 点云处理等基本概念和相关算法和工具	8

五、课程考核

课程考核类型为考试课，采用“50％过程考核＋50％期末考试”的方式，授课采用智慧职教 MOOC 学院在线课程平台，过程得分在 MOOC 学院平台设置，由系统自动打分；期末试卷，由任课教师按照学生答题情况评分。具体分值如附表 4-3 所示。

附表 4-3　课程考核形式一览表

考核内容	过程考核（MOOC 学院平台）				期末考试
	课程参与度	章节测验	平台作业	平台考试	
分值	30％	10％	5％	5％	50％

合格标准：最终成绩在 60 分以上。

六、教学建议

1. 教材资源

（1）参考教材：缑锦．人工智能应用开发与案例分析[M]．北京：清华大学出版社，2023.

（2）由人工智能专业教师与企业技术人员合作开发的《图像检测与识别》校本教材。

2. 师资队伍

教学团队由在校教师与企业导师共同组成，年龄结构与职称结构科学合理。能较好地把握国内外行业、专业发展，能广泛联系行业企业，了解行业企业对计算机视觉应用开发专业人才的实际需求，具备较强的教学设计、专业研究能力，具有较强的信息化教学能力，能够开展课程教学改革和科学研究。

3. 教学条件

理实一体教室

4. 教学资源

职教云 MOOC 学院在线课程、多媒体课件、活页教材、教学项目案例库。

5. 教学方法

倡导因材施教、因需施教，教师应能依据专业培养目标、课程教学要求、学生能力与教学资源，采用理实一体化教学、案例教学、项目教学等方法，坚持学中做、做中学，达成预期教学目标。

后　记

“察势者智，驭势者赢”，在全面建设社会主义现代化国家新征程中，职业本科教育前途广阔、大有可为。在此背景下，本专著凝聚了河北科技工程职业技术大学对职业本科人才培养方案的改革创新经验和职教人不懈探索的智慧，是《国家职业教育改革实施方案》落实现代职业本科教育体系建设改革任务的具体体现。

学校基于战略定位与需求分析的职业本科人才培养方案高质量完成以及本专著的成功付梓，离不开河北科技工程职业技术大学创新发展研究中心、教务处领导和相关老师的精心指导，教育行业专家周凌波、关键等给出了较好的修正建议，李文静、李晓丹提供了数据分析技术支持，河海大学出版社高晓珍等进行了认真的策划和编排。他们为学校职业本科人工智能专业人才培养方案的设计编制提出了宝贵的建议，也奠定了坚实的基础。

在基于战略定位与需求分析的职业本科人才培养方案研究项目启动初期，李贤彬副校长亲自带队研究，并进行了细致的审议。在人才培养方案设计过程中，河北科技工程职业技术大学信息工程系的全体老师都不同程度地参与了职业本科人才培养方案的编制任务，他们细心钻研、潜心论证，进行了技术技能人才的社会需求分析，为人才培养方案的编制提供了高质量的决策支撑，推进了人才培养方案的成效评价。前后历经一年时间，老师们高质量完成了以人工智能专业为例的职业本科人才培养方案、专业论证、课程标准等的编制，诠释了“德能并蓄、敏行担当”的校训精神。

在专著成书过程中，编者参阅了不少文献，部分没有一一开列，在此一并表示衷心的谢忱！最后，谨向为本专著编撰与出版做出贡献以及关心河北科技工程职业技术大学事业发展的各界人士致以诚挚的谢意！

著者

2025 年 1 月